초등 한국사 놀이북

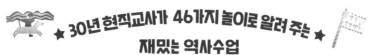

★ 30년 현직교사가 46가지 놀이로 알려 주는 ★
재밌는 역사수업

초등 한국사 놀이북

오정남 지음

글담출판

역사는 복잡하고 따분하다는
아이들에게

안녕하세요? 여러분은 역사를 좋아하나요?

선생님이 역사에 재미를 느끼기 시작한 것은 고등학교 때부터였어요. 아직도 고등학교 역사 시간이 생생하게 기억에 남아 있을 정도랍니다. 역사 선생님은 그야말로 이야기꾼이셨어요. 분필로 칠판 가득 그림을 그려가며 역사 이야기를 해주실 때면 어찌나 흥미진진하고 재미있던지 역사 시간이 짧게만 느껴졌어요. 그리고 나중에 여행을 간 곳에서 역사 선생님의 이야기에 등장했던 인물, 유적지, 유물 들을 만났을 때는 오랜만에 친구를 만난 듯 반가웠지요.

초등 교사가 되어 역사를 가르치게 되었을 때 선생님은 고등학교 역사 선생님을 떠올렸어요.

'어떻게 하면 그 선생님처럼 재미있게 역사를 가르칠 수 있을까?'

'어떻게 하면 아이들이 우리의 삶 속에서 역사를 발견하는 기쁨을 느끼게 할 수 있을까?'

역사가 따분하고 복잡하다는 아이들에게 역사란 이렇게 재밌고 즐거운 것이라고 알려 주고 싶었어요. 그래서 생각해 낸 첫 번째 방법이 바로 '역사 이야기'를 아이들에게 들려주는 거였어요. 하나의 역사 사건 안에는 흥미로운 이야기들이 많이 담겨 있거든요. 또 다른 방법은 역사 놀이였어요. 때로는 개인별로, 때로는 모둠별로, 때로는 반 전체가 역사 놀이를 하였어요. 그랬더니 어느 날부터 아이들이 선생님 오늘은 역사 놀이 안 해요? 하고 먼저 물어오더라고요.

그 경험들에서 건져 올린 특별한 역사 수업을 이 책에 담았어요. 역사에는 정말로 많은 이야기들이 곳곳에 숨어 있어요. 그 숨은 이야기들에 귀 기울이다 보면 역사와 더 친해지는 것을 느낄 수 있을 거예요. 재미있는 역사 이야기를 읽고 난 후에는 역사 놀이를 신나게 해보도록 해요. 코로나19로 인해 친구들과 함께 놀기 힘든 상황을 생각해 혼자서도 놀 수 있는 역사 놀이도 많이 수록하였답니다.

선생님은 역사가 비빔밥과 비슷한 것 같아요. 여러 재료가 섞여 있는 비빔밥처럼 역사도 여러 가지가 섞여 있으니까요. 역사 인물, 사건, 배경, 유물, 문화재 등 역사를 구성하는 요소들은 다른 공부와 연결되어 있기도 하고 우리 삶 곳곳에 녹아 있어요. 그래서 역사를 공부하면 삶의 지혜가 생기고 어려움을 헤쳐 나갈 용기도 생기고 어떻게 살아야 하는가에 대해 답을 얻기도 한답니다. 무엇보다 이 책에 실린 역사 이야기를 읽고 놀이를 하며 여러분이 역사를 좋아했으면 좋겠습니다. 좋아하다 보면 저절로 배움이 일어나고 질문이 생기고 내 삶에 적용하게 되니까요.

이 책을 읽다 보면 무구한 역사 속에서 빛나는 별들과 만나게 될 거예요. 세종대왕, 이순신, 강감찬, 서희, 안중근, 유관순 등의 위인들 말이지요. 여러분도 빛나는 별이에요. 아직은 그 빛을 사람들이 몰라줄지라도 무엇이든 온 마음을 다해 임하면 그 시간들이 여러분의 역사가 될 거예요. 그 역사 속에서 부끄럽지 않은 별들이 되었으면 좋겠습니다.

✂️ 차례

< 1장 >

동굴에서 평야로 나온 사람들

· 선사시대 ·

< 2장 >

우리나라의 성립과 발전

· 고조선~삼국시대 ·

< 3장 >

한반도의 두 번째 통일 왕국

· 고려시대 ·

< 6장 >
일제의 침략과 수탈을 이겨 낸 우리 민족
· 일제시대 ·

| 기원전 70만 년경 | ● | **구석기 문화 시작** |
| 기원전 8000년경 | ● | **신석기 문화 시작** |

〈1장〉

동굴에서 평야로
나온
사람들

· 선사시대 ·

꼭꼭 숨어라, 흥수아이야!

흥수아이는 형이랑 엄마와 함께 풀잎으로 엮은 바구니를 들고 나무 열매를 따러 길을 나섰어요. 동굴 근처에 있는 나무 열매는 다 따먹어서 먹을 게 없었거든요. 아빠는 주먹 도끼를 들고 사냥을 하러 갔어요. 사냥에 성공해서 고기를 먹을 수 있다면 얼마나 좋을까요.

엄마는 흥수아이에게 곁을 떠나지 말라고 신신당부했어요. 사나운 짐승이라도 만나면 큰일이기 때문이에요. 흥수아이는 엄마를 도와 빨갛게 익은 열매를 부지런히 따기 시작했어요. 그런데 따다 보니 엄마에게서 멀어지고 말았어요. 갑자기 풀숲에서 으르릉대는 소리가 들렸어요. 무언가가 흥수아이를 노리고 가까이 다가오고 있었어요.

"흥수아이야! 꼭꼭 숨어라!"

흥수아이가 발견되었을 때의 모습

여러분, 지구의 나이가 몇 살인지 아나요? 지구의 나이는 약 46억 살이라고 해요. 여러분이 좋아하는 공룡이 지구에 나타난 것은 2억 3000만 년 전이고, 직립 보행을 하는 원시 인류가 등장한 것은 400만 년 전이에요.

현재 우리 인간의 직접적인 조상은 호모 사피엔스(Homo sapiens)로, '슬기로운 사람'이라는 뜻을 갖고 있어요. 호모 사피엔스는 대략 20만 년 전에 아프리카 지역에서 나타났고 세계 여러 곳으로 퍼져 나갔어요.

흥수아이는 충청북도 청주시 흥수굴에서 발견된 인류의 화석(퇴적암에 남아 있는 동식물의 뼈나 흔적)이에요. 이 화석을 발견한 김흥수라는 광산업자의 이름을 따서 흥수아이라고 불러요. 흥수아이는 약 4만 년 전 한반도에서 살았던 5~6세 정도의 구석기시대(신석기시대에 앞선 석기시대) 사람으로 추측하고 있어요. 흥수아이가 누워 있던 곳에서 국화꽃 화석이 나왔는데, 이를 통해 구석기시대에도 사람이 죽었을 때 장례를 치렀다는 것을 알 수 있어요. 가족들이 어린 흥수아이의 죽음을 슬퍼하며 국화꽃을 뿌려 추모했나 봐요.

17

홍수아이에게 편지와 선물 보내기

홍수아이에게 편지와 함께 선물을 보내 보세요. 홍수아이는 맹수가 우글거리는 위험한 곳에 살았어요. 안전하게 몸을 숨길 수 있는 곳은 동굴뿐이었지요. 먹을 것도 부족하고 놀잇감도 자연에서 구한 나뭇가지, 풀뿌리, 돌멩이가 전부였어요. 이런 홍수아이에게 응원의 편지와 마음의 선물을 보내 보세요. 홍수아이에게 가장 필요하다고 생각하는 것을 그림으로 그려 보세요. 홍수아이는 여러분의 편지와 선물을 받고 힘을 내서 더 씩씩하게 살아갈 거예요.

홍수아이에게

나는 20(   )년도 (   )에 살고 있는 (   )라고 해.

홍수아이에게 나는 (   )을 보내고 싶어요.

왜냐하면

구석기시대 사람들은 어떻게 살았을까요?

구석기시대 사람들은 먹이를 찾아 한곳에 머무르지 않고 이동하며 살았어요. 그래서 집을 지을 필요가 없는 동굴이나 바위 그늘에 모여 살았지요. 또 구석기시대 사람들은 무리를 지어 다녔는데, 사나운 짐승을 물리치거나 사냥하려면 여럿이 힘을 합쳐야 했기 때문이에요. 함께 사냥한 고기는 똑같이 나눠 먹었어요. 그리고 나무뿌리나 나물을 캐거나 나무 열매를 따서 먹기도 하고 강에서 물고기나 조개를 잡아서 먹었어요. 먹을 것을 구하지 못하면 다 같이 굶어 죽는 경

라스코 동굴 벽화, 인류가 그린 최초의 그림

우도 있었지요. 그래서 구석기시대 사람들은 동굴 벽에 들소나 사슴 등 사냥하고 싶은 동물들을 그리거나 새기고 사냥이 잘되기를 기원했어요.

✦✦ 불을 이용하기 시작하다 ✦✦

인류는 구석기시대부터 불을 이용했어요. 불은 인류가 생존하는 데 매우 중요했어요. 불이 있어야 추위로부터 몸을 보호하고 음식을 익히고 동물의 공격을 막아 낼 수 있으니까요. 그래서 불을 피우는 데 필사의 노력을 기울였어요. 처음에는 화산이 폭발하거나 벼락으로 산불이 났을 때 그 불씨를 받아서 불을 피웠어요. 오랜 시간이 흘러 구석기인들은 드디어 납작한 나무 판에 나무 막대기를 세우고 양손으로 비벼 불을 피울 수 있게 되었어요. 하지만 이런 방법으로는 불을 피우기가 너무나 힘겨웠어요. 그러다가 '부싯돌'을 발견하였어요. 부싯돌은 돌과 돌끼리 부딪혔을 때 쉽게 불씨를 일으키는

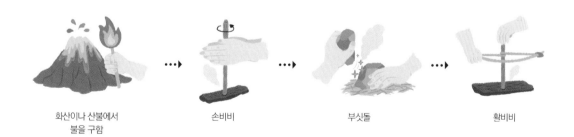

화산이나 산불에서   손비비   부싯돌   활비비
불을 구함

불의 발달 과정

돌이에요. 보다 쉽게 불을 피울 수 있게 된 거죠. 신석기시대에는 불을 피우는 방법이 더욱 발전하여 '활비비'라는 도구를 사용하여 불을 피웠어요.

✦✦ 주먹 도끼 하나면 무엇이든 할 수 있다 ✦✦

우리 인류가 다른 동물들에 비해 신체적으로 연약함에도 불구하고 끝까지 살아남아 지구의 주인이 될 수 있었던 이유를 아나요? 두 가지 이유가 있는데요. 하나는 바로 불이고, 또 하나는 '주먹 도끼', '긁개', '슴베찌르개'와 같은 도구를 사용했다는 것이에요. 구석기시대는 돌을 떼거나 깨뜨려서 만든 도구를 사용했는데요. 이것을 '뗀석기'라고 해요.

그중에서도 주먹 도끼는 그 시대의 '다용도 만능칼'이었어요. 주먹 도끼 하나면 동물도 잡고 가죽과 살을 분리할 수도 있었거든요. 이 주먹 도끼는 프랑스와 아프리카 지역에서 많이 발견되었는데 아시아에서는 유일하게 1978년 우리나라에서 발견되어 세계를 놀라게 했답니다.

주먹 도끼

그렉 보웬이라는 미국인이 한탄강가에서 처음 발견했어요. 그는 강가의 수많은 돌멩이들 중에서 어떻게 주먹 도끼를 구분할 수 있었을까요? 그것은 바로 그가 우리나라에 오기 전에 대학에서 고고학(유적이나 유물의 발굴, 수집과 분석을 통해 인류의 역사, 문화를 다루는 학문)을 공부했기 때문이에요. "아는 만큼 보인다."라는 말이 증명된 셈이지요.

　시간이 흐르면서 인류가 진화했듯 뗀석기도 정교해지고 세련되어져 갔어요. 쓰임에 맞게 다양한 도구를 만들어 사용했는데, 그중에서도 가장 혁신적인 발명품은 슴베찌르개예요. 슴베찌르개는 아이 손가락 정도 길이의 뗀석기예요. 끝은 뾰족하고 옆이 날카로워 나무 자루 끝에 달아 던지거나 찌를 수 있어요. 동물 가까이에서 사용해야 했던 주먹 도끼와 달리 거리를 두고 사용할 수 있어 사냥이 보다 쉬워지고 안전해졌지요. 그만큼 슴베찌르개는 그 시대에 정말 혁명적인 발명품이었답니다.

슴베찌르개로 하는 구석기 사냥 놀이

구석기시대 가장 최신식 무기인 슴베찌르개를 만들어 보세요. 가죽 끈이나 칼, 가위와 같은 도구 없이 어떻게 이런 위협적인 무기를 만들 수 있었을까요? 슴베찌르개를 만들다 보면 구석기인의 지혜와 인내심에 감탄하게 되는데요. 육체적으로 연약한 인간이 어떻게 지구상에서 가장 강하고 위대한 존재가 될 수 있었는지도 깨달을 수 있어요.

✦ 준비물 ✦

찰흙(또는 클레이, 지점토), 30cm 정도의 나무 작대기, 지끈(또는 노끈)

Tip 강가나 동네에서 슴베찌르개 크기의 돌멩이를 찾아 도전해 보아도 좋아요.

✦ 만드는 방법 ✦

다음 그림을 참조하여 만드세요. 아이들과 함께 만들면서 질문을 주고받으면 더욱 좋아요.

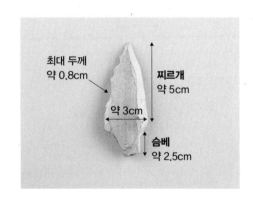

최대 두께 약 0.8cm
찌르개 약 5cm
약 3cm
슴베 약 2.5cm

Q. 찰흙 말고 다른 것으로 만들 수는 없나요?

A. 돌을 깨서 만들 수도 있어요. 하지만 손을 다칠 위험이 있어요.

1. 찰흙을 슴베찌르개 크기로 잘라요. 칼은 위험하니 자로 자르세요.

Q. 구석기인들은 어떻게 돌 끝을 날카롭고 뾰족한 창 모양으로 만들었을까요?

A. 반복해서 오랫동안 돌을 다듬었어요. 창끝이 날카로워지기까지 오랜 시간이 걸렸어요.

2. 사진을 참고하여 슴베찌르개를 만들어요.

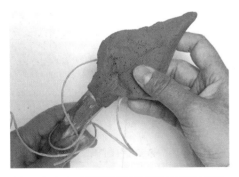

Q. 지끈으로 단단하게 고정시키기가 힘들어요. 구석기인들은 어떻게 했을까요?

A. 부드러운 나무뿌리나 줄기를 이용하여 보다 단단하게 고정할 수 있었을 거예요.

3. 다 마르고 나면 막대기에 끈으로 고정시켜요.

고래 사냥을 나가자!

지금으로부터 1만 년 전의 새벽! 강돌이의 아버지와 어머니는 깜깜한 새벽부터 분주해요. 오늘은 마을 사람들이 고래 사냥을 나가는 날이에요.

"아버지! 저도 데려가 주세요!"

"넌 아직 어려! 위험해서 안 돼!"

"아버지, 제발요! 뭐든지 할게요!"

강돌이의 고집에 아버지는 고개를 절레절레 흔들고 말아요. 혹여나 아버지 마음이 변할까 싶어 강돌이는 아침도 먹는 둥 마는 둥 하고 얼른 작살과 창을 들고 앞장서 나갔어요. 강돌이는 과연 고래를 잡을 수 있을까요?

신석기시대는 구석기시대를 뒤이은 시기를 말해요. 두 시대를 구분 짓는 기준은 도구의 제작 방법이에요. 뗀석기를 만든 구석기시대와 달리 신석기

시대는 돌을 갈아서 보다 정교하게 만든 도구를 사용했어요. 이것을 '간석기'라고 해요. 돌을 갈아서 쓰는 것이 대수롭지 않아 보여도 뗀석기에서 간석기가 등장하기까지는 수십 만 년이 걸렸다고 해요.

✦✦ 신석기시대 사람들은 어떻게 생활했을까? ✦✦

　빙하기가 끝나고 기후가 따뜻해지면서 자연환경이 바뀌었어요. 이는 인류의 생활에도 많은 변화를 낳았는데요. 특히 곡식을 우연히 발견하게 되면서 밭농사를 짓고 가축을 기르기 시작했어요. 이를 위해서는 한곳에 정착해 살아야 했고, 주거 형태가 동굴에서 움집으로 바뀌었지요. 이처럼 농사로 인한 신석기시대의 여러 가지 혁명적인 변화를 '신석기 혁명'이라고 불러요.

　먼저 신석기인들이 살았던 움집을 살펴보아요. 농사를 짓기 위해서는 물이 필요했기 때문에 강이나 바닷가에 움집을 지었어요. 움집은 땅을 1미터 정도 파고 다진 뒤에 나무로 기둥을 세우고 풀이나 짚 등으로 덮어서 만들었어요. 가운데에는 화덕을 설치하고 불을 피워서 요리를 하거나 집 안을 훈훈하게 했어요. 땅을 파서 반지하로 만든 이유는 추위와 비바람을 막기 위해서였다고 해요.

신석기시대 움집

암사동 유적지 빗살무늬 토기

신석기시대의 대표적인 유물인 빗살무늬 토기에 대해 들어 본 적 있나요? 먹고 남는 음식이 생기면서 그것을 담아 두거나 보관하는 그릇이 필요하게 되었어요. 흙으로 빚어 장작불에 구워서 만든 빗살무늬 토기는 그릇의 크기에 따라 큰 것은 저장할 때, 중간 크기는 요리를 할 때, 작은 그릇은 식기로 사용하였어요.

바닥의 모양이 뾰족한 토기는 저장하기에 좋았어요. 바닥이 뾰족해서 구덩이를 판 후 땅속에 묻고 곡식들을 담아 보관할 수 있었지요. 토기 표면에는 동물의 뼈, 조개껍데기 등으로 만든 무늬새기개로 모양을 만들거나 점과 선을 사용하여 지그재그, 세모, 마름모, 생선 뼈 모양 등 다양한 무늬를 새겨 넣었어요. 그런데 토기에 무늬를 넣은 이유는 무엇일까요? 그 이유는 토기를 단단하게 만들기 위해서라고 추측하고 있어요. 토기를 불에 굽는 과정에서 갈라지는 것을 막아 주고 흙끼리 더 잘 붙게 해준다는 것이지요. 빗살무늬 토기는 진흙으로 빚은 긴 띠를 돌려서 모양을 만들거든요. 무늬에 대한 의견도 다양한데요. 빗살무늬는 밭고랑이나 번개를 뜻하고, 생선 뼈 무늬는 물고기나 햇살, 물결을 뜻한다는 의견이 있어요. 여러분은 빗살무늬 토기의 무늬가 무엇을 뜻하는 것 같나요?

빗살무늬 토기 만들기

찰흙으로 빗살무늬 토기를 만들어 보세요. 빗살무늬 토기를 만들면서 '내가 신석기시대 사람이라면 무엇을 담을까?' '어떻게 하면 튼튼하고 오래가는 토기를 만들 수 있을까?'도 생각해 보세요. 사냥 성공을 염원하는 마음을 담아 무늬도 넣어 보세요.

빗살 무늬 토기

✦ 준비물 ✦

지점토(또는 클레이), 이쑤시개, 작은 상자

내가 만들 빗살무늬 토기를 먼저 그려 보세요.

✦ 만드는 방법 ✦

 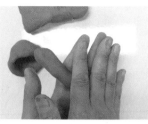 

1. 토기의 밑면을 뾰족하게 만들어요.

2. 찰흙을 손으로 비벼 긴 띠를 만들어요.

3. 긴 띠를 쌓아 올리며 그릇 모양을 만들어요.

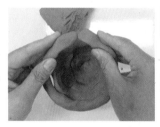  

4. 올라갈수록 띠의 길이를 길게 만들어야 해요.

5. 그릇 표면을 손으로 밀거나 눌러서 서로 달라붙게 해요.

6. 띠 모양이 보이지 않을 때까지 부드럽게 표면을 다듬어요.

빗살 무늬 토기

7. 빗살무늬 토기에 손잡이가 있으면 더 편리할 것 같아서 손잡이를 만들어 보았어요.

8. 이쑤시개로 무늬를 새겨요. 그릇 표면에 신석기인들의 소망을 그려 넣어 보세요.

9. 그늘에 말린 다음 상자에 모래를 담은 후 빗살무늬 토기를 세워 전시해 보세요.

신석기시대 사람들은 어떤 도구를 사용했을까요?

　간석기를 사용한 신석기시대에는 보다 다양한 도구가 등장했어요. 갈돌과 갈판은 곡식이나 도토리 같은 나무 열매의 껍질을 까거나 가루로 만들 때 사용했어요. 이를 통해 자연에서 채취한 것을 바로 섭취하지 않고 먹기 좋게 손질해서 먹었다는 것을 알 수 있어요. 구석기시대보다 보다 발전된 삶의 모습을 엿볼 수 있는 유물이 바로 갈돌과 갈판이에요.

　신석기시대 사람들은 가락바퀴를 이용하여 실을 뽑아서 옷감을 짜기도 하고 뼈로 만든 바늘인 뼈바늘로 가죽을 꿰매어 옷을 짓거나 신발을 만들어 신었어요.

갈돌과 갈판

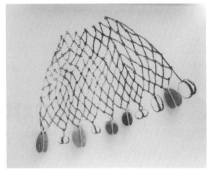

▲　곰배괭이(돌괭이 중 하나)
▲▶　돌 그물추
▶　가락바퀴

조개껍데기로 팔찌와 목걸이를 만들기도 하는 등 몸치장도 했지요.

　농사를 짓게 되면서 새로운 농기구들이 만들어졌는데 돌괭이(돌로 만든 괭이)나 돌보습(땅을 파거나 알뿌리를 캐는 도구), 따비(논이나 밭을 가는 농기구) 등이 발명되면서 수확량이 늘었어요. 고기를 잡는 도구들도 발전해서 신석기 시대 사람들은 먼바다까지 나가 고기잡이를 했다고 해요. 뼈로 만든 낚시 바늘, 화살촉, 작살과 돌 그물추(그물이 물속에 쉽게 가라앉도록 그물 끝에 매다는 돌) 등으로 고기를 잡았지요.

　2010년 8월 17일《연합뉴스》는 '신석기시대 울산서 고래 사냥 실증 유물 출토'라는 기사를 실었는데요. 기사에 의하면 8000년 전의 유물층에서 뼈

화살촉이 박힌 고래뼈 2점이 발굴되었어요. 화살촉은 사슴의 뼈로 만든 것으로 추정하며, 울산 연근해에서 고래를 사냥한 흔적일 가능성이 매우 크다고 해요. 또 울주 대곡리 반구대 암각화(국보 제285호)에는 배와 작살 등을 이용해 고래를 사냥하는 장면이 새겨져 있는데요. 이로써 신석기시대 사람들이 어려운 여건 속에서도 고래를 사냥했다는 것을 알 수 있어요.

신석기시대 암각화 속 숨은그림찾기

울주 대곡리 반구대 암각화에는 307점의 동물들이 새겨져 있는데 그중 동물상이 169점
이에요. 동물상은 고래가 53점, 사슴류가 23점, 호랑이 등 육식 동물이 23점을 차지하고
있어요. 암각화의 가운데를 기준으로 왼쪽으로는 대부분 바다 동물이, 오른쪽에는 육지
동물이 새겨져 있어요. 반구대 암각화는 우리나라 최초의 회화 작품으로 그중 고래 사냥
그림은 세계에서 가장 오래된 것이어서 세계적인 문화유산으로 인정받고 있어요.
반구대 탁본을 통해 반구대 암각화에 새겨진 여러 종류의 동물들을 찾아보세요. 동물들
의 특징을 살려 구체적으로 그려 놓았기 때문에 어떤 동물인지 알아볼 수 있다고 해요.
신석기인들의 그림 실력이 진짜 대단하지요.

반구대 암각화 전경

✤ **숨은그림찾기** ✤

상어, 거북 3마리, 새끼 업은 귀신고래, 혹등고래, 범고래, 작살 맞은 고래, 북방긴수염고래, 여우, 표범, 멧돼지, 호랑이, 사슴, 가마우지(조류), 고래잡이 배, 사람 얼굴

정답은 별면 〈정답 1〉

기원전 2333년	●	고조선 건국
기원전 57년	●	박혁거세 신라 건국
기원전 37년	●	주몽 고구려 건국
기원전 18년	●	온조왕 백제 건국
371년	●	백제 근초고왕 고구려 침공
391년	●	고구려 광개토대왕 즉위
413년	●	고구려 장수왕 즉위
612년	●	고구려 을지문덕 살수대첩
660년	●	백제와 나당 연합군과의 황산벌 전투, 백제 멸망
668년	●	고구려 멸망
676년	●	신라 한반도 남부 통일

<2장>

우리나라의
성립과 발전

· 고조선~삼국시대 ·

우리나라는 어떻게 시작되었을까요?

하늘의 신인 환인에게는 환웅이라는 아들이 있었어요. 환웅은 인간이 사는 지상 세계를 다스리는 것이 소원이었어요. 그래서 환인에게 허락을 얻어 인간 세계에 내려왔어요.

"아들아, 내가 너에게 천부인(天符印) 세 개를 주겠다. 세상에 가서 인간들이 평화롭게 살도록 잘 다스려 보아라!"

환웅은 삼천 무리와 풍백(風伯, 바람의 신), 우사(雨師, 비의 신), 운사(雲師, 구름의 신)를 거느리고 백두산 꼭대기인 신단수(제사를 지내던 신성한 나무)로 내려와 곡(穀, 곡식), 명(命, 목숨), 병(病, 질병), 형(刑, 형벌), 선(善), 악(惡) 등의 360여 가지 일을 맡아 세상을 다스렸어요. 그러던 어느 날 곰과 호랑이가 환웅을 찾아왔어요.

"환웅님! 우리는 사람이 되기를 원합니다!"

"사람이 되려면 100일 동안 동굴에서 햇빛을 보지 않고 쑥과 마늘만 먹어야만 하느니라. 할 수 있겠느냐?"

곰과 호랑이는 굳은 결심을 하고 동굴로 들어갔어요. 며칠이 지나자 호랑이는 결국 참지 못하고 동굴을 뛰쳐나가 버렸어요. 하지만 곰은 꿋꿋이 참아내었고 21일 만에 여자의 몸이 되었어요. 환웅은 여자에게 웅녀라는 이름을 지어 주고 결혼해서 아들을 낳았는데 그 아들이 바로 단군왕검이에요. 훗날 단군왕검은 여러 부족들을 합쳐서 아사달을 도읍으로 나라를 세웠어요(기원전 2333년경). 그리고 나라 이름을 '조선'이라고 했어요. 조선이라는 이름은 나중에 이성계가 세운 이씨 조선이란 이름과 구분 짓기 위해 고조선이라 불리게 되어요. 단군은 1500년 동안 조선을 다스리다가 신선이 되었

풍백, 운사, 우사와 함께 인간 세계로 내려온 단군의 모습

어요. 이때 단군의 나이가 1908세였다고 해요. 단군왕검은 한민족의 맨 처음 조상이지요.

이 이야기는 『삼국유사』라는 역사책에서 전해져 오는 '단군신화'예요. 고조선이 세워진 이야기라서 '고조선 건국신화'라고도 하지요.

✦✦ 단군신화는 진짜 있었던 이야기일까? ✦✦

단군신화를 듣고 어떤 생각이 떠오르나요? 대부분의 사람들은 '이게 진짜 있었던 일일까?' '어떻게 곰이 사람이 될 수 있지?'라며 거짓으로 꾸며 낸 이야기일 거라고 생각해요. 신화는 인물과 사건을 신성하게 표현하기 위해 과장하거나 상징적으로 나타내는 것이 특징이에요. 그래서 글자 그대로 해석할 것이 아니라 무엇을 상징하는지를 찾아내야 이해할 수 있어요. 그럼 지금부터 단군신화의 수수께끼들을 하나하나 풀어 볼까요?

1. 환웅이 하늘에서 삼천 무리와 풍백, 우사, 운사를 거느리고 내려왔다는 것은 무슨 뜻일까요?

하늘에서 왔다는 표현을 통해 환웅이 이끄는 집단이 한반도 북쪽 지역에서 무리를 이끌고 왔음을 알 수 있어요. 또 바람, 비, 구름은 농사에 가장 큰 영향을 미치는 자연현상이에요. 이 세 가지를 거느리고 온 것으로 보아 환웅이 이끄는 집단은 농사 기술이 뛰어났음을 알 수 있어요.

2. 환인이 환웅에게 준 천부인 세 개는 무엇일까요?

『삼국유사』에도 기록되어 있지 않아 정확한 용도를 추측할 뿐이라고 해요. 옥새에 대해 들어 본 적 있나요? 왕이 사용하는 도장을 말하는데 천부인이 바로 옥새라고 주장하는 역사학자들이 있어요. 옥새 세 개를 환웅에게 주었다는 것은 환인이 환웅에게 권력을 넘겨 주었다는 것을 의미하며 환웅족이 지배층이 되어 세상을 다스리기 시작했음을 나타낸다는 것이지요.

3. 호랑이는 실패했지만, 곰은 여자가 되어 환웅과 결혼했다는 것은 무엇을 뜻할까요?

그 당시에는 자연을 숭배하는 신앙이 있었는데, 이것을 '토템'이라고 해요. 호랑이는 호랑이를 숭배했던 부족을 뜻하고 곰은 곰을 숭배했던 부족을 나타내지요. 호랑이는 실패했지만 곰은 성공했다는 것은 곰 부족이 호랑이 부족을 이겼음을 간접적으로 알려 주어요. 그리고 결혼했다는 것은 곰 부족이 환웅족과 손을 잡고 고조선을 건국했다는 것을 나타내지요.

4. 단군의 나이가 1908세였다는데, 정말 그렇게 오래 살 수 있었을까요?

단군왕검은 한 사람의 이름을 뜻하는 것이 아니라고 해요. 최고 권력자의 지위를 나타내는 말로, 고조선의 왕들을 단군왕검이라고 불렀어요. 단군은 하늘에 제사를 지내는 '제사장'을 뜻하고 왕검은 정치적 지배자인 '왕'을 뜻해요. 단군왕검이라는 이름을 통해 그 당시 고조선의 왕들은 제사를 지내는 동시에 나라를 다스리는 역할을 했었다는 것을 알 수 있어요.

단군신화 그림책 만들기

일연이 단군신화를 쓰지 않았다면 우리는 한국의 반만년 역사에 대해 제대로 알지도 못하고 내세울 수도 없었을 거예요. 아직 단군신화를 잘 모르는 친구들과 동생들을 위해 그림책으로 만들어 보아요.

✦ 준비물 ✦

색연필이나 물감, 펜, 종이(A4 1장, B4 1장)

✦ 만드는 방법 ✦

① 단군신화 내용을 요약해 보아요

단군 이야기를 여섯 장면으로 나누어요. 긴 내용을 6장면에 압축하기는 쉽지 않아요. 가장 핵심이 되는 내용을 먼저 정리해 보면 도움이 될 거예요. 예시를 참고하여 정리해 보세요.

✦ 예시 ✦

1. 환인이 환웅에게 인간이 사는 세상을 다스릴 것을 허락했다.

2. 환웅은 풍백, 우사, 운사를 데리고 신단수로 내려왔다.

· · · ·

1.

2.

3.

4.

② 연습용 종이(A4 크기)를 8칸으로 접어요

① **앞표지** • 제목 • 표지 그림 • 이름	②	③	④
⑤	⑥	⑦	⑧ **뒷표지**

③ 스토리보드를 만들어요

내용 요약을 바탕으로 8칸으로 나눈 칸에 사진과 같이 글과 그림을 스케치해요.

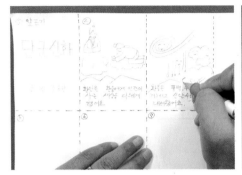 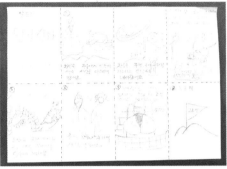

④ B4 크기의 도화지를 그림과 같이 접어 8쪽 기본책 모양으로 만들어요

——— 자르기, · — · — · 골짜기(접은 선이 골짜기가 됨), - - - - - - - 산(접은 선이 산이 됨)

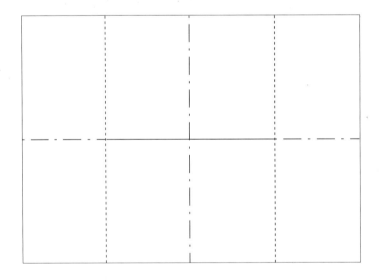

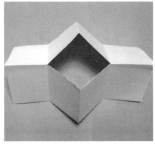

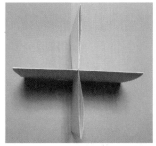

1. 반으로 접어 중간을 자르면 편리해요.

2. 자른 부분을 벌리고 접기 기호대로 접어요.

3. 위에서 보았을 때 십자 모양이 되었으면 책 모양을 만드세요.

⑤ 8쪽 기본책에 스토리보드에 구상했던 글과 그림을 넣어 완성해요

정성껏 그림을 그리고 글씨도 예쁘게 써보아요. 예쁘게 만들수록 두고두고 보고 싶어지고, 기억에도 오래 남아요.

고조선은 어떤 나라였을까요?

화가 난 마을 사람들이 한 남자를 끌고 와서 족장 앞에 무릎을 꿇게 했어요.

"족장님! 이 남자가 우리 집 돼지를 훔쳤어요!"

"우리 집에서는 쌀을 훔쳐 갔습니다!"

사람들은 저마다 한마디씩 하며 남자에게 벌을 내려야 한다고 소리쳤어요. 족장은 어떤 판결을 내렸을까요?

"남의 재산을 훔친 자는 듣거라! 너는 고조선의 법대로 남의 물건을 훔쳤으니 종이 되거나 벌금 50만 전을 내어야 한다!"

판결을 들은 남자는 후회의 눈물을 흘리기 시작했지만 이미 어쩔 수가 없었어요.

고조선은 사회 질서를 유지하기 위해 법을 만들었어요. 이것을 '고조선의

8조법'이라고 해요. 오늘날 3개의 조항만 전해지고 있어요. 이를 통해 우리는 고조선의 특징을 알 수 있어요. 고조선의 특징을 함께 찾아보아요.

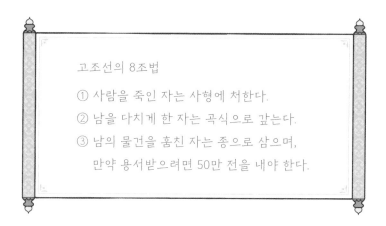

고조선의 8조법

① 사람을 죽인 자는 사형에 처한다.
② 남을 다치게 한 자는 곡식으로 갚는다.
③ 남의 물건을 훔친 자는 종으로 삼으며,
　 만약 용서받으려면 50만 전을 내야 한다.

먼저 사람을 죽인 자는 사형에 처했던 것으로 보아 사람의 생명을 소중하게 여긴 사회였다는 것을 알 수 있어요. 두 번째 조항으로는 개인의 재산을 인정했던 나라임을 알 수 있지요. 세 번째 조항으로 우리는 고조선이 신분제 사회였음을 알 수 있어요. '종'은 바로 노비를 말하는 것으로, 노비가 있다는 것은 귀족이 있다는 뜻이거든요. 중간층에 속하는 사람들은 서민들이었겠지요. 그리고 50만 전이라는 벌금을 통해 고조선은 화폐를 유통하고 있었음을 알 수 있어요.

✦✦ 고조선은 청동기시대 ✦✦

한반도 최초의 국가인 고조선은 청동기시대를 배경으로 해요. 청동은 구리를 녹여서 주석과 아연을 섞은 것으로 주로 거울, 방울, 검, 창 등을 만들 때 사용했어요. 청동검과 창은 돌로 만든 것보다 더 단단하고 날카로워 전쟁에서 이기기 위해서는 꼭 필요한 무기였지요. 부족 간의 전쟁을 통해 힘이 약한 부족이 강한 부족에게 흡수되면서 부족 국가가 나타나게 되었어요.

청동기시대에 들어와 본격적으로 벼농사가 시작되었어요. 청동기는 귀했기 때문에 농사를 지을 때는 여전히 돌로 만든 도구를 사용해야만 했지요. 돌로 만든 농기구가 발달하면서 곡식을 많이 거둘 수 있었어요. 그러면서 개인이 재산을 갖게 되었지요. 청동기시대 유물인 '농경문 청동기'에는 농사를 짓는 모습이 잘 나타나 있어요.

청동기시대의 대표적인 농사 도구로는 반달 모양의 돌칼이 있어요. 반달 돌칼은 둥근 반달처럼 생긴 모양에 구멍이 뚫려 있고 이 구멍에 끈을 꿴 다음 손에 걸어 곡식의 이삭을 따거나 삼베 등 물건을 자를 때 사용했어요.

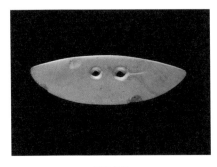

반달 돌칼

농경문 청동기

이렇게 농사의 발달과 전쟁으로 인해 힘이 강한 부족이 생기면서 부족을 이끄는 족장의 지위는 더욱 높아졌어요. 족장은 제사장의 역할을 함께하여 제사도 주관했는데요. 제사장은 온몸을 청동기로 장식했어요. 목에는 청동 거울과 팔주령, 농경문 청동기를 걸고 허리에는 종방울을 두르고 한 손에는 청동 방울이 달린 장대(간두령), 다른 한 손에는 가지 방울을 들었어요. 햇빛에 반짝이는 청동기들은 족장의 권위를 높여 주었지요.

강화도 부근리 고인돌

청동기시대 족장의 권위가 얼마나 강력하였는지는 '고인돌'로도 알 수 있어요. 고인돌의 덮개돌 중에는 무게가 200톤까지 나가는 것도 있어요. 이렇게 거대한 고인돌을 만들려면 수많은 사람들이 동원되어야 했을 거예요. 덮개돌 아래 무덤방에서는 죽은 사람을 넣었던 관과 사람 뼈, 그리고 청동검이 발견되었어요. 이를 통해 고인돌이 족장의 무덤이었던 것을 알 수 있었지요. 하지만 무덤방이 없는 고인돌이 많이 발견되고, 덮개돌에 일부러 구멍을 만든 고인돌도 발견되면서 고인돌이 꼭 족장의 무덤만은 아닐 것이라는 의견도 나오고 있어요.

내가 만든 고조선의 8조법

고조선의 8조법 중 전해지는 것은 3개의 조항뿐이에요. 사라진 조항은 무엇일까요? 당시 고조선의 시대 상황을 상상하며 고조선 법전을 완성해 보세요.

✦ 예시 ✦

- 돈을 빌리고도 갚지 않는 자는 빌린 돈만큼 일을 시킨다.
- 남의 집에 무단 침입하여 집 안을 어지럽힌 자는 문 앞에 묶어 두어 오고 가는 사람들에게 창피를 준다.
- 거짓말을 한 자는 이마에 숯으로 표시하고 다니게 한다.
- 욕을 한 자는 혀를 바늘로 찌른다.
- 부모의 말을 듣지 않아 속을 썩이는 자는 방에 가두고 바깥으로 다니지 못하게 한다.
- 게을러서 일을 하지 않는 자는 평생 결혼을 못하게 한다.
- 잘 씻지 않아 냄새나는 자는 부족의 울타리 밖에서 살게 한다.

1. 사람을 죽인 자는 사형에 처한다.

2. 남을 다치게 한 자는 곡식으로 갚는다.

3. 남의 물건을 훔친 자는 종으로 삼으며,

　만약 용서받으려면 50만 전을 내야 한다.

고구려왕 주몽이 알에서 태어났다고요?

고구려의 기원을 알려면 '부여'라는 나라로 거슬러 올라가야 해요. 1500여 년을 이어오던 고조선은 기원전 108년에 중국 한나라에 의해 멸망하고 말아요. 하지만 그 전부터 한반도에는 여러 나라가 자리 잡고 세력을 키워 가고 있었어요. 그중에서 가장 큰 나라는 부여였어요. 부여는 북만주 송화강 유역의 넓고 비옥한 평야 지역에 터를 잡고 번성을 누렸어요.

✦✦ 알에서 태어난 주몽, 고구려를 세우다 ✦✦

부여의 금와왕은 태백산 남쪽 강가에서 만난 유화라는 여인을 궁궐로 데리고 왔어요. 유화는 하늘 신의 아들인 해모수와 혼인한 여인이었어요. 그런데 햇빛이 유화를 따라다니더니 유화의 배가 점점 불러오기 시작하는 거예요. 시간이 지나 유화가 낳은 것은 커다란 알이었지요. 금와왕은 "어떻게 사람이 알을 낳을 수가 있단 말이냐! 징그럽고 불길하니 개와 돼지한테 줘 버려라!" 하고 명령을 내렸어요. 그런데 개와 돼지는 알을 건드릴 생각은커녕 슬금슬금 피하더래요. 그래서 말과 소에게 던져 주었더니 말과 소도 알을 피해 다녀서 들판에 내다 버렸어요. 그랬더니 이번에는 짐승들이 와서 알을 보호해 주었어요. 금와왕은 하는 수 없이 알을 유화에게 돌려주었어요. 유화가 알을 포대기에 싸서 며칠을 보살피자 알에서 사내아이가 껍질을 깨고 나왔어요. 아이는 어릴 때부터 활을 잘 쏘아 '주몽'이라고 불렀어요.

한편 금와왕에게는 일곱 아들이 있었어요. 금와왕의 아들들은 자라면서 여러 모로 실력이 뛰어난 주몽을 시기했어요. 나중에는 죽이려고까지 했지요. 그래서 주몽은 친구 셋과 함께 부여를 떠나 더 남쪽으로 가서 졸본이라는 곳에 나라를 세우고 이름을 '고구려'라고 했답니다.

주몽은 소서노라는 여인과 결혼을 해서 비류와 온조 두 형제를 낳았어요. 그런데 나라의 기틀이 잡혀 갈 무렵, 부여에서 유리라는 청년이 주몽을 찾아왔어요. 유리는 주몽이 금와왕의 아들들을 피해 부여를 떠났을 때 만난 여자와의 사이에서 태어난 아들이었어요. 청년이 되어 갑자기 나타난 유리를 주몽은 어떻게 아들로 받아들일 수 있었을까요?

"정말 내 아들이 맞느냐?" 주몽이 물었을 때 유리는 품 안에서 반으로 쪼개진 칼을 꺼냈어요. 주몽이 가지고 있었던 쪼개진 칼과 딱 맞았어요. 주몽은 유리를 자신의 아들로 인정한 후 태자로 삼았어요. 하루아침에 태자 자리를 빼앗긴 비류와 온조는 고구려를 떠나 자기들만의 나라를 세웠어요.

✦✦ 고분 벽화를 보면 고구려의 특징이 보인다 ✦✦

고구려 사람들의 생활 모습은 고구려 고분 벽화에 잘 나타나 있어요. 고분 벽화는 옛 무덤 안의 천장이나 벽에 그려진 그림을 말해요. 벽화가 그려진 고분은 규모가 매우 커서 왕이나 귀족의 무덤일 가능성이 커요. 지금까지 발견된 고구려 고분은 90여 개에 달해요. 벽화에는 고구려 사람들의 나들이 풍경, 생활 모습, 사후 세계에 대한 믿음, 종교(불교)와 관련된 그림이 그려져 있어요. 어떤 동물을 키웠는지, 어떤 음식을 먹었는지, 어떤 집에서 살았는지가 그대로 담겨 있어서 마치 고구려 사람들이 사진을 남겨 놓은 듯한 착각을 불러일으키지요.

대표적인 고구려 고분에는 '무용총'이 있어요. 처음 조사할 당시 왼쪽 벽에 무용수들이 춤을 추는 모습의 그림이 발견되어 무용총이라는 이름이 붙여졌어요. 무용총 오른쪽 벽에는 고구려 사람들이 말을 타고 활을 쏘면서 사냥을 하는 그림이 그려져 있어요. 또 '수박희'를 하며 노는 그림도 찾아볼 수 있어요. 수박희는 무기를 사용하지 않고 손으로 힘과 기술을 겨루는 전통 무술이에요.

'안악 3호분'은 황해도 안악군에 위치한 고분이에요. 북한의 국보 제23호로 지정된 소중한 문화재지요. '동수묘'로도 불리는데 묘비문에 무덤의 주인이 '동수'라고 기록되어 있기 때문이에요. 동수는 고국원왕 때의 장군으로 신분이 귀족이었어요. 그래서 안악 3호분을 통해 그 당시 귀족층의 생활 모습을 알 수 있어요.

벽화에는 귀족의 부엌과 고깃간이 그려져 있어요. 부엌에서 일하는 사람

무용총 수렵도   안악 3호분

들이 보이나요? 큰 솥이 팔팔 끓고 있는 것으로 보아 요리가 다 되어 가나
봐요. 저 정도 크기의 솥이라면 몇십 명이 먹을 수 있는 양이지요. 고깃간에
걸린 고기들과 수레로 귀족들의 풍족한 생활을 엿볼 수 있어요. 마당에 있
는 개가 보이나요? 고구려 사람들은 집에서 개를 키웠고, 사냥을 하러 갈 때
개를 데리고 다녔어요. 무용총의 수렵도에서도 호랑이를 쫓고 있는 용감한
사냥개를 볼 수 있답니다.

　고구려의 일반 백성들은 씨름을 하며 놀았다는 것을 또다른 고분 '각저총'
에서 발견된 벽화로 알 수 있어요. 고구려의 귀족들은 주로 축국(축구와 비슷
한 공놀이)과 투호 놀이(항아리에 화살을 던져 넣는 놀이), 바둑을 즐겼어요.

'강서대묘'의 '사신도'로 만드는 가방

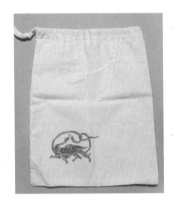

북한 평안남도 강서군에는 고구려의 무덤이 세 개 있어요. 세 무덤 중에서 가장 큰 무덤을 강서대묘라고 불러요. 강서대묘에 그려진 사신도는 신비로운 기운을 내뿜고 있지요. 사신(四神)은 동서남북의 네 방위를 지키는 상징 동물을 말해요. 동쪽은 청룡, 서쪽은 백호, 남쪽은 주작, 북쪽은 현무로, 고구려 고분 벽화에서 많이 볼 수 있어요. 사신도를 베껴 그리거나 따라 그려도 좋고, 나만의 사신도를 상상하여 티셔츠나 에코백을 꾸며 보세요.

✦ 준비물 ✦

패브릭용 채색 용구(물감, 사인펜, 마카 등), 먹지, 네임펜, 에코백(또는 민무늬 면 티셔츠)

✦ 만드는 방법 ✦

오른쪽 사신도 그림에서 꾸미고 싶은 상징 동물을 하나 고르세요.

1. 에코백 위에 먹지를 대고 사신도를 베껴 그려요.

2. 네임펜으로 덧그려요.

3. 패브릭 채색 용구로 색칠해요. 유성 매직도 괜찮아요.

동쪽을 지키는 청룡(푸른 용)

서쪽을 지키는 백호(하얀 호랑이)

남쪽을 지키는 주작(붉은 봉황)

북쪽을 지키는 현무(검은 거북)

장수왕은 정말 장수했을까요?
고구려 전성기

✦✦ 전성기의 토대를 다진 소수림왕 ✦✦

백제와의 평양성 전투(백제 편에서 소개할 예정이에요.)로 왕이 전사하는 치욕을 겪은 고구려는 그의 아들 소수림왕의 지혜로운 정치로 안정을 되찾기 시작했어요. 소수림왕도 아버지에 대한 복수를 하고 싶었겠지요. 하지만 당장 백제로 쳐들어가기에는 고구려의 국내외 상황이 너무 혼란스러웠어요. 소수림왕은 고구려에게 가장 필요한 것은 왕권을 강화하는 것이라 생각하고 크게 세 가지 사업을 펼쳤어요.

태학(국립 교육 기관)을 세워 인재를 양성했어요. 태학은 우리 역사상 최초의 교육 기관이에요. 태학에서는 중국으로부터 받아들인 유교를 가르쳤어요. 유교는 임금에 대한 충성과 부모에 대한 효도를 강조해요. 태학에서 교육을 받은 사람들은 임금에게 충성을 다하였고 곧 고구려의 왕권이 강해지는 바탕이 되었어요. 또 불교를 받아들여 백성들의 마음을 신앙으로 한데 뭉치게 했어요. 백성들은 왕과 한마음이 되어 나라가 부강해지기를 부처님께 빌었어요.

이 밖에도 소수림왕은 율령(법령)을 반포(세상에 퍼뜨려 널리 알게 함)했어요. 율령은 온 백성들이 지켜야 할 법이에요. 이 율령으로 사회 질서가 바로잡혔으며 소수림왕이 다스린 13년이라는 짧은 기간에 고구려는 다시 안정을 되찾을 수 있었어요. 소수림왕의 지혜로운 통치로 그의 조카인 광개토대왕은 고구려의 전성기를 열 수 있었어요.

✦✦ 낭랑 18세의 위대한 왕, 광개토대왕 ✦✦

광개토대왕은 18세에 왕이 되었어요. 젊은 왕답게 정복 전쟁을 펼치기 시작했지요. 즉위하자마자 백제의 10개 성을 빼앗았으며 한강 이남까지 영토를 넓혔어요. 직접 수만의 군사를 이끌고 전쟁터를 누볐던 광개토대왕은 요동 지역과 만주 지역을 정벌했어요. 또한 왜(일본)의 침략을 받은 신라가 고구려에 원군을 요청하자 5만 대군을 이끌고 가서 왜군을 물리쳤어요. 그러곤 가야(여러 작은 나라로 이루어진 연맹 왕국)를 총공격했어요. 가야 연맹은 이때부터 서서히 무너지기 시작했지요. 하지만 위대했던 정복자 광개토대왕은 아쉽게도 39세라는 창창한 나이에 세상을 떠나고 말았어요. 다행히도 그에게는 그의 업적을 이을 아들이 있었지요.

광개토대왕의 뒤를 이은 장수왕은 80년 동안이나 고구려를 다스리면서 전성기를 이끌었어요. 그는 98세의 나이에 세상을 떠나 장수왕으로 불리는데요. 그 당시에 98세까지 살았다는 것은 거의 기적에 가까운 일이었어요.

장수왕은 도읍을 국내성에서 평양성으로 옮기면서 귀족의 힘을 약화시켜 왕권을 강화했어요. 그 후 직접 군사를 이끌고 백제를 공격했지요. 단 7일 만에 위례성을 함락시키고 당시 백제왕이었던 개로왕을 사로잡았어요. 한강 유역은 이제 고구려 차지였어요.

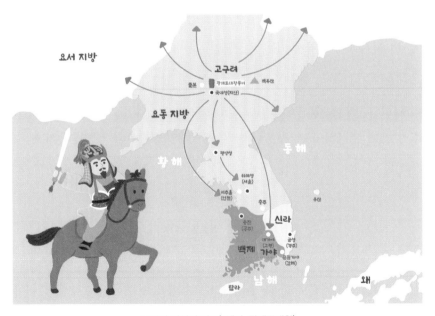

고구려 전성기 지도(5세기, 광개토대왕)

✦✦ '광개토대왕릉비'의 비밀 ✦✦

광개토대왕릉비

장수왕은 아버지 광개토대왕의 업적을 기리기 위해 당시 고구려의 수도였던 국내성 동쪽에 커다란 비석을 세웠어요. 이 비석이 바로 광개토대왕릉비예요. 광개토대왕릉비에는 고구려 건국 과정과 광개토대왕의 정복 사업이 연대순으로 기록되어 있어요. 비문을 통해 백제와 신라는 고구려의 속민(딸린 백성)으로 조공을 바쳤으며, 왜가 백제와 연합하여 신라를 침공하였을 때는 바다를 건너가 왜를 신민으로 삼았다는 사실이 밝혀졌지요. 광개토대왕릉비는 이렇게 고대사의 비밀을 우리에게 그대로 전해 주고 있어요.

4면 돌기둥에 새겨져 있는 문장들의 수준도 그 시대를 뛰어넘은 최고의 문장들이라고 해요. 돌기둥 4면에 글자를 새기는 것도 중국의 비석 문화와는 완전히 다른 독창적인 방법이었다고 하니 고구려의 문화 수준을 짐작할 수 있지요. 고구려의 전성기는 바로 광개토대왕과 장수왕 시기를 뜻해요.

✦✦ 중국 역사서에 기록된 살수대첩 ✦✦

고구려의 전성기를 논할 때 우리나라 3대 대첩 중 하나인 '살수대첩' 이야기를 빼놓을 수 없어요. 중국을 통일한 수나라는 113만여 명의 군사를 이끌고 육로와 수로를 이용해 고구려를 침략해 왔어요. 나날이 커져 가는 고구려를 견제하기 위해서였지요. 동원된 병사들이 워낙 많다 보니 군대를 출발시키는 것만 해도 40일이 걸렸어요.

수나라 군대가 고구려로 쳐들어오기 위해서는 요하(요하를 경계로 서쪽 지역을 요서, 동쪽 지역을 요동이라고 불렀어요.)라는 강을 건너야만 했어요. 겨우 요하를 건넌 수양제(수나라 황제)는 요동성을 공격했어요. 요동성은 요동 지방으로 들어가는 길목에 위치했기 때문에 전략적으로 중요한 성이었어요. 하지만 아무리 공격을 퍼부어도 요동성은 몇 달이나 꿈쩍도 하지 않았고 오히려 수나라 군사들의 피해만 늘어났어요. 수양제는 장수 우중문을 불러 새로운 작전을 세웠어요.

"이제 겨울이라 날씨는 추워지고 양식도 떨어져 가서 이러다가는 병사들이 제대로 싸워 보지도 못하고 얼어 죽거나 굶어 죽겠구나. 30만 별동부대를 이끌고 가서 수도인 평양성을 바로 치거라!"

수나라 군대가 평양성으로 방향을 돌리자 을지문덕도 새로운 작전을 짰어요. 그것은 바로 거짓 항복 작전! 을지문덕은 거짓으로 항복한 척하여 수나라 장수 우중문을 찾아갔어요. 우중문은 을지문덕을 잡아 두려 했지만 수나라 군대의 상황을 파악한 을지문덕은 서둘러 빠져나왔어요. 아직 전쟁이 끝나지 않은 상황에서 을지문덕이라는 용맹한 장수를 돌려보낸 것은 수나라의 커다란 실수였어요. 적진에서 무사히 빠져나온 을지문덕은 수나라 장수 우중문에게 시를 한 수 보내며 경고했어요.

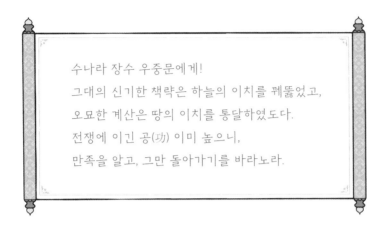

수나라 장수 우중문에게!
그대의 신기한 책략은 하늘의 이치를 꿰뚫었고,
오묘한 계산은 땅의 이치를 통달하였도다.
전쟁에 이긴 공(功) 이미 높으니,
만족을 알고, 그만 돌아가기를 바라노라.

우중문은 이 시를 읽고 기분이 어땠을까요? 을지문덕의 거짓 항복에 속았다는 것을 깨닫고 간담이 서늘했겠지요. 평양성을 공격하러 오면서 수나라 군사들은 이미 추위와 굶주림에 시달리느라 싸울 힘도 없었어요. 우중문은 눈물을 머금고 거짓 항복을 핑계 삼아 철수하기 시작했어요. 후퇴하던 수나라 군대가 살수(지금의 청천강)을 건너고 있을 때 을지문덕은 공격을 시작했어요. 살수에서 살아 돌아간 수나라 병력은 겨우 2700여 명에 불과했다고 해요. 이 전투가 바로 세계 전쟁사에도 길이 남은 살수대첩이에요. 고구려와의 무리한 전쟁으로 수나라는 결국 멸망의 길을 걷게 되었어요.

✤✦ 당 태종이 안시성 성주에게 비단 100필을 선물한 이유는? ✦✤

수나라가 망하고 뒤를 이은 나라는 당나라였어요. 호시탐탐 고구려 침략의 기회를 엿보던 당나라의 황제 태종은 자신의 왕권을 다지기 위해 고구려를 침략해 왔어요. 당시 고구려는 연개소문이 최고 권력자로서 왕보다 더 큰 권력을 누리고 있던 때였어요.

당나라는 고구려를 침범하기 전에 수나라가 고구려에 패배한 원인을 분석하여 철저하게 준비를 한 후 공격해 왔어요. 즉 보급로가 끊기지 않도록 보급 기지를 확보했고 요동성만 집중해서 공격하지 않고 여러 성을 동시다발적으로 공격했어요. 당나라의 치밀한 작전으로 요동성, 백암성 등 여러 성이 차례로 함락되었어요. 이 기세를 몰아 당 태종이 이끄는 50만 명에 가까운 대군이 안시성에 도착했어요. 안시성은 요동성 다음으로 군사적으로 매우 중요한 요충지예요. 철광석(무기의 재료)이 풍부하고 땅이 기름지어 식량 걱정이 없는 곳이었지요. 고구려와의 전쟁을 치르는 동안 보급로가 필요했던 당 태종은 안시성을 공격하기 시작했어요.

고구려 조정은 더 이상 요충지를 빼앗길 수 없어 고구려와 말갈 연합군 15만 명을 보냈지만 당나라 군대와의 싸움에서 참패했어요. 안시성은 더 이상 희망이 없어 보였어요. 당나라는 투석기를 이용하여 안시성을 공격하기 시작했어요. 당 태종은 안시성을 금방 함락시키고 평양성을 공격할 수 있을 것이라 여겼지요. 하지만 안시성은 호락호락하지 않았어요. 거듭되는 당나라의 공격을 안시성 성주 양만춘과 백성들이 한마음이 되어 막아 내고 또 막아 내었어요.

당나라 태종은 누구도 예상하지 못한 작전을 짰어요.

"안시성보다 높은 토산을 쌓아서 성을 공격하라!"

안시성 옆에 순식간에 토산이 만들어졌어요. 그 토산을 넘어 당나라 군사들이 성안으로 쳐들어온다면 안시성은 끝장이었지요. 양만춘은 성 위에 나무 울타리를 세워 토산 위에서 공격하는 당나라의 공격을 막아 내었어요. 그런데 이게 웬일인가요? 토산이 와르르 무너지고 말았어요. 그 틈을 타서 고구려 정예부대는 토산을 점령하고 깃발을 꽂았어요.

마지막 작전인 토산도 무너져 버리고 추운 겨울이 다가와 식량마저 떨어지자 당 태종은 안시성을 포기할 수밖에 없었어요. 안시성은 88일을 버텨 낸 끝에 마침내 당나라를 물리칠 수 있었어요. 당 태종은 떠나기 전에 성주 양만춘에게 비단 100필을 선물로 주었다고 해요. 비록 적이지만 그 작은 성을 지켜 낸 양만춘에게 보내는 존경의 표시였던 것이지요.

당 태종은 당나라로 돌아가 병을 얻어 곧 죽고 말아요. 그는 죽을 때 다음과 같은 유언을 남겼다고 해요.

"다시는 고구려를 공격하지 마라!"

안시성 전투 장면 무대책 만들기

영화 〈안시성〉 또는 설민석의 영화 〈안시성〉 해설 동영상을 참고하여 안시성 전투를 무대책으로 꾸며 보세요. 당시 공성전(성과 요새를 점령하기 위해 공격하는 싸움) 상황을 상상해 보고 어떤 무기들이 사용되었을지도 그려 보세요. 하나의 성을 지키는 것이 나라를 지키는 일이었던 시대였어요. 성을 지키기 위해 용감하게 싸웠던 고구려 백성들의 모습도 함께 그려 보세요.

 설민석의
〈안시성〉 해설
동영상

✦ 준비물 ✦

8절 도화지, 가위, 연필, 색사인펜

✦ 만드는 방법 ✦

① 안시성 전투 중 어떤 장면을 표현할 것인지 정해요

토성을 정복하는 순간을 그리겠다, 토성을 쌓는 장면을 그리겠다 등 어떤 장면을 표현할지 정해 보세요.

② 나타내고 싶은 장면을 구상해요

어떻게 표현할 것인지 밑그림을 그려 보세요.

자유롭게 그려 보세요.

③ 제목, 등장인물, 성, 주변 자연환경 등을 그린 다음
색칠하고 오려요

밑그림을 참조하여 인물, 성, 주변 지형물들을 그린
다음 색칠하고 오려요.

④ 도화지를 그림과 같이 접고 편 다음 오려서 무대 모양으로 세워요

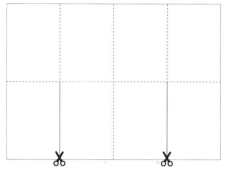 

⑤ ③에서 만들었던 등장인물 등을 배치하고 무대를 꾸며요

④에서 만든 무대 위에 ③에서 만든 등장인물, 배경 등을 자리 배치하며 무대를 꾸며요. 무대인 만큼 입체적으로 자리 배치를 해요.

⑥ 무대 한쪽 벽에는 안시성 전투를 요약해서 붙여요

무대 한쪽 벽에 안시성 전투를 짧게 요약해서 붙여 보세요. 더 오래도록 기억될 거예요.

주몽의 아들 온조가
백제를 건국했다고요?

✦✦ 한강 유역에 온조가 세운 나라, 백제 ✦✦

고구려 주몽의 아들 유리에게 태자의 자리를 뺏기고 하루아침에 찬밥 신세가 된 비류와 온조. 두 형제는 자신들의 나라를 세우기 위해 열 명의 신하와 백성들을 이끌고 남쪽으로 길을 떠났어요. 무리가 도착한 곳에는 강이 흐르고 있었어요. 그들은 높은 곳(서울의 북한산 인수봉)에 올라 정착할 곳을 찾기 위해 주변의 지형을 살폈어요. 형 비류는 이렇게 말했어요.

"온조야! 나는 저기 바다가 보이는 서쪽(인천 지역)이 좋구나! 바닷가는 여름에 시원하고 겨울에 따뜻해서 살기가 좋지 않으냐. 평야도 넓어 농사짓기도 좋을 것이다. 우리 저리 가서 나라를 세우자!"

하지만 온조와 열 명의 신하들은 생각이 달랐어요.

"이 강의 주변을 살펴보세요. 강 주변으로 넓은 평야가 펼쳐져 있고 그 평야를 높은 산들이 막고 있어서 백성들이 살아가기에 최고의 땅입니다. 여기에 도읍을 세우는 것이 좋겠습니다."

결국 비류와 온조는 이곳에서 헤어지고 말아요. 비류와 비류를 따르던 백성들은 지금의 인천인 미추홀로 향했어요. 온조와 열 명의 신하들은 백성들을 데리고 한강 유역의 위례성에 도읍을 세우고 나라 이름을 '십제'라고 했어요. 십제는 '열 명의 신하가 먼 길을 건너와서 나라를 세웠다'는 것을 뜻해요.

누구의 선택이 옳았을까요? 비류가 선택했던 미추홀은 바닷가라서 땅이 습하고 물이 짜서 농사짓기가 힘들었어요. 비류를 따랐던 백성들은 살기가 힘들어지자 십제를 찾아가거나 흩어졌어요. 좌절에 빠진 비류는 시름시름 앓다가 스스로 목숨을 끊었다고 해요. 온조는 형의 백성까지 모두 받아들이고 나라 이름을 '백성들이 즐겁게 따랐다'는 뜻으로 '백제'라고 바꿨어요.

백제는 도읍을 세 번이나 옮겼어요. 처음에는 위례성이었지요. 지금의 한강 유역으로, 위례성에서 발견된 백제 시대의 무덤을 보면 고구려의 무덤과 많이 닮아 있다고 해요. 고구려에서 갈라져 나왔기 때문에 그럴 수밖에 없었을 거예요. 그 뒤 웅진(현 공주)과 사비(현 부여)로 도읍을 옮겼을 때는 중국 문화를 받아들였는데, 중국과는 다른 우아하고 수준 높은 백제 문화를 발전시켰어요.

백제는 한강을 이용해 다른 나라와 활발하게 교류했어요. 중국과의 교역을 통해 선진 문물을 받아들여 고구려, 신라보다 빨리 발전할 수 있었지요. 근초고왕 때는 '문화 강국'이라 할 만큼 우수한 문화를 꽃피웠어요. 근초고왕은 아직 문명이 발달하지 못한 왜나라에 신하를 파견하여 백제의 선진 문화를 전해 주었어요. 집 짓는 기술, 제철 기술, 말 타는 법, 옷 만드는 방법, 양초, 의약, 음악 등 생활에 필요한 기술과 더불어 천자문이나 논어 등의 학문과 유교, 불교, 도교 등을 전수하여 왜나라가 국가의 기틀을 세울 수 있도록 도왔어요.

✦✦ 백제 근초고왕 VS. 고구려 고국원왕 ✦✦

백제는 삼국 중에서 가장 먼저 한강 유역을 차지하고 전성기를 누렸어요. 근초고왕은 해상무역을 펼치며 왕권을 강화해 나갔어요. 호시탐탐 한강 유

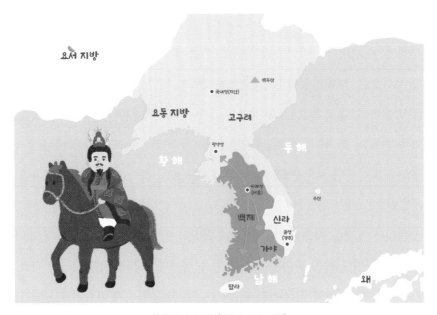

백제 전성기 지도(4세기, 근초고왕)

역을 욕심냈던 고구려의 고국원왕이 먼저 백제를 공격해 왔어요. 백제군은 황색 깃발 아래 똘똘 뭉쳐 고구려군을 유인하고 기습 공격하여 고구려 병사 5000여 명을 사로잡았어요. 근초고왕의 작전은 고구려의 적색 깃발 부대를 집중 공격하는 것이었어요. 적색 깃발 부대는 고구려왕이 지휘하는 정예부대였어요. 믿었던 적색 깃발 부대가 무너지자 고구려군은 순식간에 백제에게 승리를 내주고 말았어요.

복수를 하기 위해 고구려는 다시 백제를 공격해 왔어요. 근초고왕은 꾀가 많은 왕이었어요. 강가에 병사들을 매복시킨 후 고구려군이 다가오길 기다렸지요. 그것도 모르고 적진 깊숙이 들어온 고구려군은 또다시 백제군에게 당하고 말았어요.

고구려군에게 연승하고 자신감을 얻은 근초고왕은 3만 명의 병사를 직접 이끌고 고구려로 쳐들어가서 평양성을 공격했어요. 평양성을 함락시키지는 못했지만 고국원왕이 전투 중에 화살에 맞아 죽고 말았어요. 이 싸움으로 백제는 고구려 땅이었던 강원도와 황해도 일부를 차지하는 강력한 나라가 되었어요. 그러나 고구려와 백제는 돌이킬 수 없는 원수 사이가 되고 말았지요.

✦✦ 일본의 국보가 된 백제의 유물 '칠지도' ✦✦

다음 사진은 칠지도라는 칼이에요. 칼 모양이 이상하지요? 가지가 일곱 개라서 칠지도라고 불러요. 딱 보아도 무기는 아닌 것 같아요. 그럼 무엇에

칠지도

사용되었을까요? 제사 등 의례용으로 쓰였을 것이라 추정하고 있답니다. 칠지도는 백제의 칼인데도 일본 국보로 지정되어 이소노카미 신궁에 소장되어 있어요. 칠지도는 우리에게 어떤 역사를 들려주고 있을까요?

칠지도의 표면에는 61자의 글자가 새겨져 있어요. 61글자의 해석을 위해 방사선 촬영 등 여러 가지 연구 끝에 백제와 고대 일본과의 관계를 밝혀냈어요. 칠지도에 새겨진 문장을 살펴볼까요?

칠지도의 앞면에는 "태□ 사년 □월 십육일 한낮에 무쇠를 백 번이나 두들겨서 칠지도를 만들었다. 이 칼은 수많은 재앙을 물리칠 수 있으니 제후국의 왕들에게 나누어 줄 만하다.", 뒷면에는 "지금까지 이런 칼은 없었다. 백제의 왕세자가 일부러 왜나라 왕을 위해 만들었으니 후세에 전하여 보이도록 하라."라고 새겨져 있어요.

즉 칠지도는 백제가 왜나라 왕에게 하사한 물품으로 고대 백제는 일본보다 모든 면에서 뛰어나고 강력한 나라였음을 보여 주고 있어요. 칠지도는 광개토대왕릉비와 더불어 고대 일본과 한반도의 관계를 알려 주는 가장 오래된 문자 사료라고 해요. 백제는 멸망할 때까지 왜나라와 긴밀한 우호 관계를 유지했어요.

백제 유물 칠지도 만들기

칠지도는 백제의 전성기 때 유물이에요. 백제의 전성기를 이끈 근초고왕과 관련된 유물이기도 하지요. 백제의 유물이면서 일본의 국보가 된 칠지도를 만들어 봄으로써 백제 문화의 우수성을 몸소 느껴 보세요.

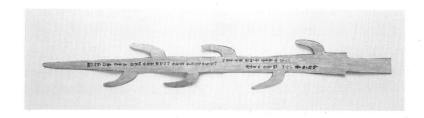

✦ 준비물 ✦

8절 도화지 1장, 회색 색연필, 가위, 검정색 유성매직펜

✦ 참고 자료 ✦

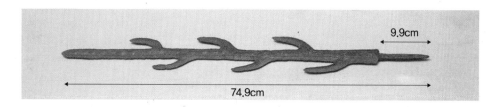

9.9cm

74.9cm

❖ 만드는 방법 ❖

① 8절 도화지를 세로로 접어 반으로 잘라요

② 세로로 자른 도화지를 이어 붙여요

우리는 손잡이가 10cm이고 칼자루가 65cm인 칠지도를 만들 거예요. 세로로 길게 자른 8절 도화지 2장을 겹쳐 길게 이어 붙이세요. 그러면 실제 칠지도 크기와 비슷한 75cm의 칠지도를 만들 수 있어요.

③ 칠지도를 그린 다음 가위로 오리고 본문을 참고하여 칠지도에 새겨진 문장을 앞뒤로 적은 후 회색으로 색칠해요

앞면 : "태□ 사년 □월 십육일 한낮에 무쇠를 백번이나 두들겨서 칠지도를 만들었다. 이 칼은 수많은 재앙을 물리칠 수 있으니 제후국의 왕들에게 나누어 줄 만하다."

뒷면 : "지금까지 이런 칼은 없었다. 백제의 왕세자가 일부러 왜나라 왕을 위해 만들었으니 후세에 전하여 보이도록 하라."

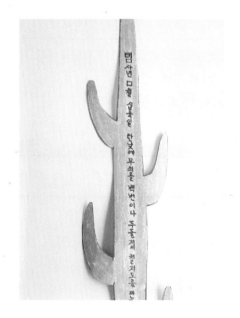

계백 장군님, 백제를 지켜 주세요! 백제의 멸망

✦✦ 〈서동요〉로 왕이 된 무왕, 백제의 부흥을 되찾고자 노력하다 ✦✦

백제에 사는 서동은 마를 캐서 팔아 어머니를 모시고 살았어요. 어느 날 서동은 신라 진평왕의 셋째 딸인 선화 공주가 곱고 예쁘다는 소문을 들었어요. 그는 중처럼 머리를 깎고 신라로 가서 성안의 아이들에게 마를 공짜로 나눠 주며 자신이 지은 노래, 〈서동요〉를 부르게 했어요.

> 선화 공주님은
> 남몰래 사귀어
> 맛둥 도련님을
> 밤에 몰래 안고 간다

여기서 맛둥이란 마를 파는 서동을 칭하는 말이에요. 아이들이 부르는 노래는 순식간에 퍼졌어요. 선화 공주가 밤마다 남자를 만나러 간다는 소문은 그 당시에는 받아들이기 힘든 일이었어요. 신하들은 진평왕에게 공주를 귀양 보낼 것을 간청했고 선화 공주는 억울하게 궁궐을 떠나야 했지요. 귀양을 가는 공주 앞에 서동이 나타났어요.

서동은 선화 공주를 백제로 데리고 갔고 나중에는 백제 무왕이 되었어요. 마를 캐던 시골 아이가 어떻게 왕이 될 수 있었을까요? 『삼국사기』에는 무왕이 법왕의 아들이라는 기록이 있어요. 하지만 궁궐에 살지 않고 시골에서 마를 캐며 살았던 것으로 보아 몰락한 왕족의 후예이거나 법왕의 적자가 아닌 서자(양반과 평민 여인 사이에서 낳은 아들)나 얼자(양반과 천민 여인 사이에서 낳은 아들)였을 것이라 추정하고 있어요.

무왕은 중국 및 일본과의 관계를 잘 유지하면서 고구려, 신라와의 경쟁에서 지지 않으려고 노력했어요. 백제의 옛 영광을 되찾기 위해 신라와 자주 전투를 벌였지요. 하지만 무왕의 뒤를 이은 의자왕 때 백제는 나당 연합군에 의해 멸망하고 말아요.

✦✦ 5만의 신라군에 맞서 싸운 황산벌 전투 ✦✦

의자왕은 어려서부터 말과 행동이 겸손하고 올곧아 '해동의 증자'라는 별명이 붙었어요. 증자는 공자의 제자로 특히 부모에게 극진하게 효도했던 사람으로 알려져 있어요. 왕이 된 후에는 직접 군사를 이끌고 신라를 공격해 여러 성을 함락시켰어요. 그러던 중 백제가 신라의 대야성을 함락시키면서 김춘추(무열왕)의 딸이 죽는 바람에 신라는 백제에게 원한을 품게 되었어요. 김춘추는 고구려의 연개소문을 찾아가 연합할 것을 제안했으나 거절당한 후 당나라를 찾아갔어요. 당시 백제는 당나라에게 조공(약한 나라가 강한 나라에게 예물을 바침)을 하면서 좋은 관계를 유지하고 있었어요. 그런데 당나라가 김춘추의 외교술에 넘어가 신라와 연합군을 맺고 말았어요.

나당 연합군이 드디어 백제로 쳐들어 왔어요. 당나라는 서해를 건너 인천에 정박했고, 5만 명의 신라군은 백제로 빠르게 진군해 왔어요. 당나라를 믿고 있었던 백제에게는 청천벽력 같은 일이었지요. 그동안 백제에게 당해 온 빚을 한꺼번에 갚기라도 하듯 신라는 무섭게 돌진해 왔어요. 다급해진 의자왕은 계백 장군을 불렀어요.

"계백 장군! 백제가 믿을 사람은 장군뿐이오. 부디 5000명의 결사대로 황산벌에서 신라군을 무찔러 주시오!"

계백 장군은 황산벌 전투가 마지막 전투가 될 것이라 예감했어요. 백제가 나당 연합군에 의해 짓밟히는 장면이 스쳐 지나갔어요. 계백은 집으로 돌아가 아내와 자식들을 불러 모았어요.

"곧 백제가 망할 것이다. 그렇게 되면 적의 노비가 되어 비참하게 살아갈 것인데 차라리 죽는 것이 낫다!" 하며 목숨을 앗아갔어요. 이 소식을 들은 백제 병사들은 눈물을 흘리며 죽을 각오로 맞서 싸울 것을 다짐했어요.

드디어 황산벌에서 백제군과 신라군의 싸움이 시작되었어요. 신라는 죽을 것을 각오하고 싸우는 백제군에 밀려 네 번이나 싸움에 지고 말았어요. 연거푸 싸움에서 지자 신라군의 사기는 땅에 떨어졌어요. 하지만 신라의 화랑 관창의 희생으로 신라군 또한 죽기를 각오하고 싸우기 시작하면서 결국 백제의 '오천 결사대'는 무너졌고 계백 장군도 전사하고 말았어요.

✦✦ 백제의 마지막 임금 의자왕, 당나라에 끌려가다 ✦✦

나당 연합군이 황산벌에서 계백의 오천 결사대를 뚫고 사비성으로 쳐들어오자 의자왕은 웅진성으로 도망갔어요. 웅진성에서 지방군들을 모아 결사적으로 나당 연합군을 막아 낼 생각이었어요. 하지만 5일 만에 의자왕은 항복을 하고 말았어요. 한때 자신이 직접 군사를 이끌고 신라의 대야성을 비롯해서 여러 성을 함락시켰던 인물이 단 5일 만에 항복을 했다니 너무 황당한 일이었지요.

21세기에 와서야 역사학자들은 의자왕의 항복에 대한 새로운 진실을 밝혀냈어요. 중국의 역사서인 『구당서』의 「소정방」 편에는 "그 대장 예식이 의자왕을 데려와서 항복했다."라는 내용이 있어요. 예식은 웅진성의 대장이었는데 의자왕을 배신한 거지요. 그 후 예식은 당나라에 가서 대장군까지 올랐다고 해요.

의자왕은 어떻게 되었을까요? 스스로 목숨을 끊으려고 했으나 실패하고 당나라 장군 소정방과 신라 무열왕 앞에 끌려가 술잔을 올리는 치욕을 겪었어요. 한 나라의 왕이 모든 것을 잃는 순간이었지요. 결국 의자왕과 왕자, 대신, 장병, 백성 등 1만 2000여 명은 당나라로 끌려가서 힘겨운 삶을 살아야 했어요. 의자왕은 고국으로 돌아오지 못하고 당나라에서 죽고 말았어요.

무너진 '익산 미륵사지 석탑' 완성하기

익산 미륵사지 석탑은 국보 제11호이자 2015년 유네스코 세계문화유산으로 등재된 백제역사유적지구의 문화재예요. 국내에서 가장 오래되고 가장 큰 석탑이지요. 원래 9층이었으나 많은 부분이 훼손되어 있었다고 해요. 일제 강점기에 일본인들이 탑의 무너진 부분에 콘크리트를 덧씌워 놓은 것을 1998년에 해체 보수 작업을 시작하여 2019년 20년 만에 복원 작업을 끝냈어요. 그런데 복원된 석탑도 9층이 아니고 6층이에요. 원래의 모습을 기록한 자료가 남아 있지 않아 복원할 수가 없었다고 해요. 나머지 부분을 여러분의 상상력으로 완성해 보세요.

✦ 참고 자료 ✦

탑의 구조를 생각하면서 익산 미륵사지 석탑을 완성해 보세요. 익산의 미륵사는 원래 탑이 세 개였어요. 동쪽과 서쪽에 9층 석탑이, 가운데에는 목탑이 서 있었다고 해요. 오른쪽 복원된 동원 9층 석탑 사진을 참고하여 서원 9층 석탑을 그려보세요.

새와 짐승들도 탄생을 축하한 신라왕 박혁거세

✦✦ 알에서 태어난 박혁거세, '사로국'의 왕이 되다 ✦✦

옛날 아주 오랜 옛날, 지금의 경주 지역에는 여섯 개의 마을이 있었어요. 이 마을들이 모여 사로국이라는 나라를 세웠는데 왕이 없었어요. 나라를 함께 다스리던 여섯 촌장은 덕이 있는 왕이 나라를 다스려 주길 소원했어요. 사로국의 한 촌장이 길을 가다가 '나정'이라는 우물가 앞에서 하얀색 말을 보았어요. 촌장이 우물가에 가까이 다가가 보니 박 모양의 커다란 알이 하나 놓여 있었고, 그 뒤 하얀 말은 절을 하고는 하늘로 올라가 버렸지요. 며칠 후 알에서는 잘생긴 사내아이가 나왔는데 몸에서 빛이 나고 새와 짐승들이 이 아이의 주변을 둘러싸고 춤을 추는 것이었어요. 여섯 촌장은 아이가 박처럼 생긴 알에서 나왔다고 해서 '박씨'라는 성과 세상을 밝게 다스리라는 뜻으로 '혁거세'라는 이름을 주었어요. 박혁거세는 자라서 사로국의 왕이 되었어요.

고구려의 주몽처럼 신라의 박혁거세도 알에서 태어났어요. 인간이 알에서 태어나는 것은 있을 수 없는 일인데 신화에 알이 등장하는 이유는 무엇일까요? 알은 태양을 상징해요. 그 당시 사람들은 태양을 숭배했지요. 즉 백성들의 숭배와 복종을 바라는 의도가 건국 신화에 담겨 있는 것이랍니다.

신라는 세 나라 중에서 가장 먼저 나라를 세웠음에도 백제나 고구려처럼 국가의 기틀을 세우지 못하고 외세의 침입에 흔들리는 약한 나라였어요. 그래서 왜가 침입했을 때는 고구려의 힘을 빌려와 왜를 물리쳐야 했어요.

✦✦ 추석의 유래가 신라? ✦✦

농사를 중요시했던 우리 민족에게 가을은 봄에서 여름 동안 가꾼 곡식과 과일들을 거두어 들이는 수확의 계절이었어요. 그리고 가을이 되어 처음 맞이하는 음력 8월 15일은 1년 중 가장 큰 보름달이 뜨는 날이라 의미 있게 여겼어요. 신라 제3대 임금인 유리왕은 백성들의 노고를 위로하고 수확을 축하하는 큰 행사를 계획하였어요. 음력 8월 15일이 되기 한 달 전에 도성의 여자들을 두 편으로 나눈 다음 시합을 하게 했어요. 왕녀 두 사람에게는 각 편을 통솔하게 했지요.

"음력 7월 16일부터 한 달 동안 아침부터 저녁까지 길쌈(베짜기)을 하거라. 한 달 후인 음력 8월 15일에 심사를 하겠다. 길쌈을 적게 한 쪽에서는 술과 음식을 차려 이긴 편에게 대접해야 한다!"

김홍도 〈길쌈〉

여인들은 한 달 동안 열심히 베를 짰어요. 드디어 8월 15일 결과가 발표되었어요. 진 편이나 이긴 편 모두 결과는 상관없었어요. 모두 함께 음식을 나눠 먹으며 노래도 부르고 춤도 추고 여러 가지 놀이를 즐겼어요.

하늘에 뜬 휘영청 밝은 보름달이 조명이 되어 주었지요. 신라 사람들은 이 행사를 '가배(가위라는 우리말을 이두식으로 표기한 것)'라고 불렀어요. 가배는 '가위', '가윗날'로 불리다가 우리나라 최대 명절인 한가위(추석)로 자리 잡았어요.

삼국의 도읍을 찾아라

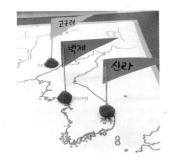

고구려, 백제, 신라가 세워진 곳을 백지도에 나타내 보세요. 고구려는 졸본에, 백제는 위례성에, 신라는 경주에 나라를 세웠어요. 백지도에 삼국이 세워진 곳을 찾아 깃발을 세워 보세요. 이 놀이를 통해 고구려, 백제, 신라의 지리적 위치를 파악할 수 있어요. 각 나라의 도읍지가 어디에 자리 잡았는지 이해하게 되면 영토를 어떻게 넓혀 나갔는지, 어느 나라와 교류했는지 쉽게 이해할 수 있어요.

✦ 준비물 ✦

백지도, 찰흙(또는 클레이), 이쑤시개, 색종이, L자 파일

✦ 만드는 방법 ✦

① 백지도에 졸본, 위례성, 경주를 표시해요

백지도(활동 자료 1) 위에 본문 속 전성기 지도를 참고하여 도읍을 표시해요. 표시를 하였다면, L자 파일에 넣어요. 파일이 없다면 굳이 넣지 않아도 돼요.

86

② 나라별 깃발을 만들어요

찰흙을 굴려 작은 구슬 크기의 공 모양을 만들어요. 색종이에 나라 이름을 쓰고 이쑤시개에 붙여 나라 깃발을 만들어요.

③ 깃발을 백지도에 세워요

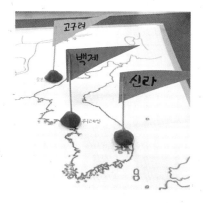

여기까지 신라 땅! 비석을 세워 알린 신라 전성기

✦✦ 나라 이름을 신라로 정한 지증왕 ✦✦

6세기 초, 신라는 한반도의 주인으로 새롭게 부상하기 시작했어요. 신라 제22대 임금인 지증왕은 64세의 늦은 나이에 왕위에 올랐어요. 그 당시 평균 나이로 보아 꽤 늦은 나이였는데도 지증왕은 왕성하게 나랏일을 돌보았어요. 지증왕은 신라를 발전시키기 위해 농사에 많은 관심을 기울였어요. 집에서 키우는 소를 농사에 이용하도록 한 것도 지증왕이었지요. 논을 갈고 밭을 갈 때 소를 이용하니 사람이 하는 것보다 훨씬 수월하고 수확량도 많아졌어요. 농사를 짓는 데 필요한 농기구들도 지증왕 때 처음 생겼다고 해요.

지증왕은 얼음을 저장하는 '석빙고'를 처음 만들었어요. 나무로 만들었기 때문에 현재 남아 있는 것은 없어요. 하지만 1500년 전에 얼음을 저장하는 과학 기술이 있었다니 너무나 놀랍지요.

또 서라벌, 사로국이라 불렸던 나라 이름을 '신라'로 바꾸었어요. 신라는 사방에 덕을 퍼트리겠다는 의미로, 신라가 날로 새로워지고 더 부강한 나라가 되길 바라는 마음을 담았지요. 이를 위해 중국식 호칭인 '왕'을 사용하면서 왕권을 강화하기 시작했어요. 그 전까지 신라는 왕이라는 호칭 대신에 '거서간', '차차웅', '이사금' 등을 사용했어요.

지증왕은 경상도 북부와 낙동강 유역으로 영토를 넓혔고, 장군 이사부로 하여금 지금의 울릉도인 우산국을 정복하게 했어요. 이 사실은 〈독도는 우리 땅〉이라는 노래에 "지증왕 13년 섬나라 우산국 세종실록지리지 50쪽에 셋째 줄"이라는 가사로 나오듯 역사에 기록되어 있지요.

✦✦ 배신의 아이콘이자 정복의 아이콘, 진흥왕 ✦✦

지증왕과 법흥왕(불교를 공인하고 율령을 반포하는 등 고대 왕권 국가로서 체제를 완성했어요.)이 마련한 강력한 왕권과 안정적인 국내 정세를 기반으로 진흥왕은 신라를 전성기로 이끌었어요. 진흥왕은 백제의 성왕(백제 후기왕)과 힘을 합쳐 한강 유역을 차지하고 있던 고구려를 공격해서 물리쳤어요. 그 후 한강의 상류는 신라가, 하류는 백제가 사이좋게 나누어 가졌지요. 백제와 신라는 옛날부터 '나제 동맹'을 맺고 사이좋게 지내 왔거든요. 하지만 신라의 진흥왕은 백제와의 약속을 배신하고 한강 하류 지역을 공격하여 빼앗아 버렸어요. 120년 동안 지켜 왔던 동맹을 깨고 말았던 거예요. 백제 성왕은 진흥왕의 배신에 치를 떨었어요. 그래서 그의 아들 위덕왕에게 이렇게 말했어요.

"아들아, 이렇게 당하고만 있을 수 없다. 관산성을 공격하여 한강 하류를 되찾아 오너라!"

위덕왕은 한강 하류를 다시 되찾기 위해 관산성을 공격했어요. 관산성이 신라가 새로 점령한 한강 하류 지역을 연결시켜 주는 전략적 요지였기 때문이지요. 관산성 전투를 치르는 아들을 응원하러 갔던 성왕은 매복해 있던 신라군에 의해 전사하고 말았어요. 관산성 전투에서 크게 패배한 백제는 점점 힘이 약해지고 말아요.

또 진흥왕은 대가야를 정복하여 낙동강 유역을 신라 땅으로 만들었어요.

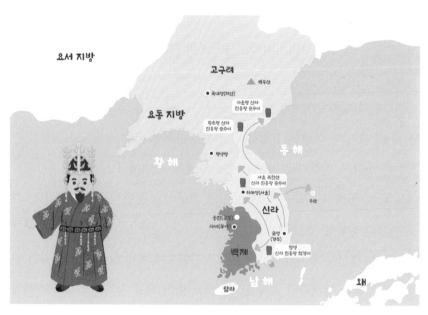

신라 전성기 지도(6세기, 진흥왕)

심지어 고구려 땅이었던 함흥 지역까지 진출했어요. 신라의 영토는 진흥왕 때 2배 이상으로 넓어졌어요. 신라의 땅이 엄청나게 넓어진 것이지요. 진흥왕은 자신이 생각하기에도 대단하다는 생각을 했나 봐요. 자신이 넓힌 영토를 돌아보며 비석을 세웠어요. 이것을 '진흥왕 순수비'라고 해요. '순수'란 왕이 천하를 돌아보며 제사를 지내고 지방의 민심을 살피던 중국의 풍습이에요. 진흥왕은 중국의 황제처럼 자신이 정복한 영토를 직접 돌아보며 비석을 세우면서 순수비라는 이름을 붙였어요. 현재 모두 4개가 남아 있는데 비석이 세워졌던 곳을 보면 6세기 신라의 국경을 알 수 있어요. 특히 북한산에 세워졌던 진흥왕 순수비는 국보 제3호로 지정되어 있어요. 보존을 위해 현재 국립중앙박물관에서 소장하고 있답니다.

삼국 전성기 팝업북 만들기

기름종이에 그린 백지도를 활용하여 삼국의 전성기 영토를 비교할 수 있어요. 고구려 전성기 지도에는 광개토대왕릉비와 중원 고구려비를, 신라의 전성기 지도에는 진흥왕 순수비를 붙여서 삼국의 전성기 팝업북을 만들어 보세요.

Tip 전성기 지도 위에 비석 이름을 표시해 두었어요. 그 위에 비석 사진을 오려 붙이면 돼요.

✤ 준비물 ✤

고구려·백제·신라 전성기 지도, 8절 도화지, 비석 사진(활동 자료 2), 색연필, 색 사인펜, 풀, 가위, 기름종이 3장, 유리 테이프

✤ 만드는 방법 ✤

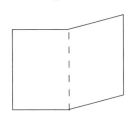

1. 8절 도화지를 반으로 접어 놓아요.

2. 삼국의 전성기 지도를 기름종이에 옮겨 그려요.

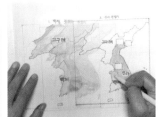

3. 각 나라의 색깔을 정해 영토만큼 색칠해요.

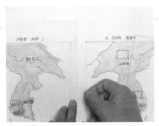 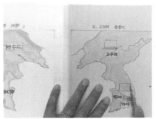 

4. 기름종이 지도를 반으로 접어 놓은 도화지에 차례로 붙여요.

5. 비석을 붙일 사각형의 3면을 칼로 오려서 세우세요.

6. 비석 사진을 붙여요.

7. 신라 진흥왕 순수비를 다 붙인 모습이에요.

8. 자유롭게 표지를 만들어요.

광개토대왕릉비

고구려

중원고구려비

백제

신라

가야

고구려 전성기 지도(5세기)

백제 전성기 지도(4세기)

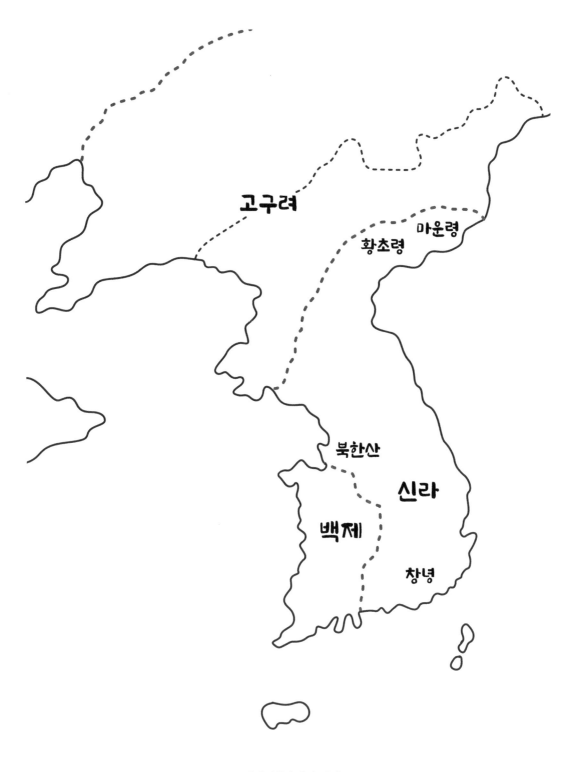

고구려

마운령

황초령

북한산

신라

백제

창녕

신라 전성기 지도(6세기)

제일 힘이 약했던 신라가
삼국을 통일할 수 있었던 힘

지금으로부터 1500여 년 전, 신라의 수도 경주와 그리 멀지 않은 곳에서 단짝 친구인 화랑도 청년 둘이 만났어요. 신령스러운 큰 바위 아래 두 사람의 표정이 엄숙했어요.

"우리, 여기서 충성스러운 신하가 될 것을 맹세하자!"

"우리의 맹세를 이 바위에 새겨서 우리가 약속을 꼭 지킨다는 것을 세상이 알게 하자!"

그들은 넓적한 바위에 날카로운 칼로 3년 안에 4권의 책을 익힐 것이며 나라가 어지러울 때 충성을 다한다는 맹세를 새겼어요. 아주 오랜 후에 등산객에게 발견된 이 바위는 '임신서기석'으로 국립경주박물관에 전시되어 있어요.

임신서기석

신라는 삼국 중에서 제일 늦게 국가의 기틀을 갖춘 힘이 제일 약한 나라였어요. 진흥왕 때에 와서야 한강 유역을 차지하며 전성기를 누리기 시작했지요. 한강 유역을 차지한 후 신라는 중국과 교류하며 국력을 키워 갔어요. 진흥왕은 불교를 공인한 것은 아니지만 장려하여 국민들의 마음을 안정시키고 하나로 모았어요. 신라인들은 황룡사를 짓고 불교 집회에 참석하면서 국가에 대한 충성심을 갖게 되었어요. 이러한 백성들의 충성심은 왕권을 강화시키는 원동력이 되었지요. 또한 신라는 '화랑도(花郞徒)'라는 청소년 단체를 통해 나라를 이끌 유능한 인재를 길렀어요. 임신서기석에 나타난 것처럼 화랑들은 나라에 대한 충성심이 뛰어나 신라가 삼국을 통일하는 데 큰 힘이 되었어요.

화랑도는 '꽃처럼 아름다운 남성의 무리'라는 뜻으로 지도자인 화랑과 낭도로 구성되어 있어요. 귀족 출신 중에서 아름답고 품행이 곧은 남자들로 화랑을 뽑았어요. 화랑은 수백 명의 낭도들을 이끌었어요. 이들은 평소에는 함께 공부하고 토론하고 무술을 연마하다가 전쟁이 나면 앞장서서 싸웠어요.

특히 황산벌 전투에서 목숨을 내놓고 싸운 화랑 관창의 이야기는 화랑도의 정신을 그대로 보여 주고 있어요. 신라와 당나라의 5만 연합군이 백제에 쳐들어갔을 때 계백을 따르던 오천 결사대는 결사의 각오로 싸웠어요. 백제와의 싸움에서 번번이 패하자 신라군은 사기를 잃고 말았어요.

이때 화랑 관창이 나섰어요. 그는 전세를 바꾸기 위해 적진에 홀로 뛰어들었어요. 화랑 관창의 나이는 겨우 열여섯. 계백은 너무 어리다는 이유로 풀어 주었어요. 하지만 다시 관창이 백제군의 진영에 쳐들어가자 계백은 더 이상 살려 보내지 않았어요. 계백은 관창의 머리를 베고 말 안장에 묶어 신라군 진영으로 돌려 보냈던 거예요. 관창의 시신을 본 신라군의 분노는 전세를 역전시켰어요. 결국 나당 연합군은 계백과 오천 결사대를 무너뜨린 후 백제의 사비성을 함락시켰어요. 신라가 삼국 통일을 하는 데 큰 공을 세웠던 김유신 또한 화랑이었어요. 제일 발전이 늦고 힘이 약했던 신라가 삼국을 통일할 수 있었던 원동력은 바로 화랑도였답니다.

삼국 통일 전쟁 o, x 퀴즈

다음 질문에 ○, ×로 답해 보세요. 틀린 답을 찾았을 때 나오는 삼국시대 유물도 함께
감상해 보세요.

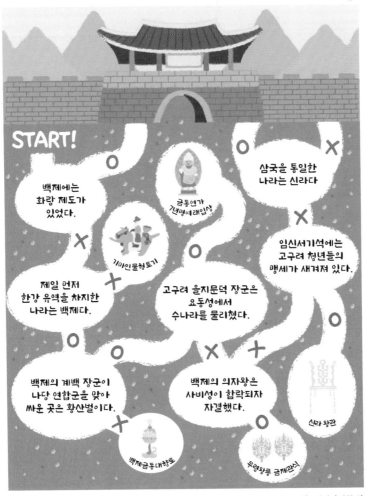

어느 나라 유물일까요?
삼국시대 유물 탐방

고구려, 백제, 신라는 종교가 모두 불교였어요. 석가모니가 인도에서 창시한 불교는 중국을 거쳐 제일 먼저 고구려에 전해졌어요. 그다음으로 백제가 받아들였어요. 신라는 150년 정도 늦게 불교를 수용했지요. 세 나라가 불교를 받아들인 이유는 귀족의 힘을 약화시키고 백성들의 마음을 한데 모아 왕권을 강화하기 위해서였어요. 그래서 삼국시대의 문화재에는 불교와 관련된 절, 탑, 불상, 부도(부처의 사리를 보관했던 탑) 등이 많아요.

삼국의 유물들은 고분(옛 조상들의 무덤)에서 많이 발견되었어요. 오랜 시간 무덤에서 보관되어 왔던 유물들은 무덤의 주인이 누구인지, 어떤 나라와 교역을 했는지 고스란히 우리에게 전해 주고 있지요.

✦✦ 신라 땅에서 발견된 고구려 유물, '금동연가7년명여래입상' ✦✦

때는 1963년 7월이었어요. 경상남도 의령군에서는 도로를 닦는 공사가 한창이었어요. 마을 주민 강갑순 씨와 큰아들은 돈을 벌기 위해 공사장에서 돌무더기를 파헤치고 있었어요. 돌들을 파내어 땅을 고르다 보니 땀이 비 오듯 흘렀어요.

"어! 이게 뭐야?"

돌을 하나 덜어 냈던 자리에 색종이 크기의 금빛 불상이 떡하니 누워 있는 게 아니겠어요. 모자는 문화재 관리국에 신고를 했는데 이게 보통 불상이 아니었어요. 부처님 뒤로 보이는 불꽃 모양을 광배라고 하는데 광배 뒷면에는 불상이 만들어지기까지의 과정이 적혀 있었어요. 불상을 발견한 모자는 어떻게 되었을까요? 큰 보상을 받아서 어려운 가정 형편에 큰 도움이 되었다고 해요.

국보 제119호 금동연가7년명여래입상은 최초의 한국적 불상으로 고구려의 문화재예요. 그런데 어떻게 신라 땅에서 발견되었을까요? 평양

금동연가7년명여래입상

의 승려들은 세상에 불교를 알리기 위해 1000개의 불상을 만들기 시작했는데 금동연가7년명여래입상은 29번째 불상이었어요. 고구려의 29번째 불상이 신라땅에서 발견된 것은 고구려의 힘이 매우 컸으며 불교 전파 의지가 매우 높았음을 알 수 있어요.

백제

백제는 중국의 문화와 기술을 받아들인 후 독자적인 문화를 꽃피웠어요. '화려한, 섬세한, 우아한'과 같은 수식어가 바로 백제 문화를 설명할 때 붙는 말들이에요.

✦✦ 백제의 타임캡슐, 무령왕릉 ✦✦

무령왕릉은 백제의 제25대 임금인 무령왕의 무덤이에요. 백제 무덤 중 유일하게 무덤의 주인을 알 수 있는 왕릉이며 도굴되지 않은 채 그대로 발굴된 소중한 유적이에요. 백제의 무덤은 출입구가 있고 아치형으로 벽돌을 쌓아 올렸기 때문에 신라 고분에 비해 도굴이 쉬웠어요. 하지만 무령왕릉은 무덤이 통째로 지하에 있었기 때문에 오랜 세월 동안 도굴을 피할 수 있었다고 해요. 일제 강점기에 발견되었다면 틀림없이 무령왕릉의 보물들이 약탈되었을 거예요. 다행히 1971년에 발견되어 우리 문화재를 온전히 지킬

무령왕릉 지석

진묘수

수 있었지요.

무령왕릉이 백제의 타임캡슐로 불리는 가장 중요한 이유는 무령왕릉의 지석 때문이에요. 이 지석으로 이 무덤의 주인이 무령왕릉과 왕비라는 것을 알 수 있었어요. 또한 지석에는 백제의 매장 풍습과 지하의 신들에게 땅을 사서 무덤을 지었다는 내용들도 적혀 있어요.

오른쪽 사진은 무령왕릉에서 출토된 유물이에요. 무덤을 지키는 상상 속의 동물인 '진묘수'예요. 진묘수 앞에는 엽전 다발이 놓여 있는데, 중국 화폐라고 해요. 이를 통해 백제는 중국과 활발하게 교류했었다는 것을 알 수 있지요. 또 무령왕릉에서는 일본 소나무로 만든 관이 나왔어요. 이 관에서 백제의 화려하고 섬세한 유물인 금제 관식, 목걸이, 귀걸이, 은팔찌 등이 출토되었어요.

✦✦ 백제 문화의 절정 금동대향로 ✦✦

백제 금동대향로는 백제왕들이 선
대왕들에게 제사를 지낼 때 향을 피우
던 향로예요. 전체 높이가 64cm로 다
른 향로에 비해 크기가 큰 편이지요. 뚜
껑 장식, 뚜껑, 몸통, 용 받침, 이렇게 4
개 부분으로 이루어져 있어요. 피리, 북
등을 연주하는 다섯 명의 악사, 기마 수
렵인 등 16명의 인물상을 볼 수 있으며
봉황, 용 등의 상상의 동물과 현실 세계
의 동물 수십 마리가 신선 세계와 함께
세밀하게 표현되어 있어요.

백제 금동대향로

오랜 세월 땅속에 묻혀 있었는데도 향로의 원형이 그대로 보존될 수 있었
던 것은 진흙 속에 묻혀 있었던 덕분에 산소가 차단되어 부식되지 않았기 때
문이에요. 향로 뚜껑을 열고 향에 불을 붙이면 5개의 구멍으로는 공기가 들어
오고 7개의 구멍으로는 연기가 밖으로 나가서 향이 오래 탈 수 있다고 해요.

신라

신라 문화재는 불교와 관련된 문화재가 많이 전해져 오고 있어요. 그리고 문화재마다 사연을 담고 있어서 그 사연을 알고 나면 신라 사람들과 한결 가까워지는 느낌이 들지요.

✦✦ 신라 불교 문화의 정수, 황룡사 ✦✦

신라는 이차돈의 순교로 불교를 받아들이게 되면서 고구려나 백제보다 더 많은 절과 탑을 세웠어요. 특히 우리나라 최초의 여왕이었던 선덕여왕은 고구려와 백제의 공격을 막아 내고 왕권을 강화하기 위해 분황사와 황룡사 9층 목탑 등을 세웠어요. 분황사의 분황(芬皇)이라는 말은 '향기로운 임금'이라는 뜻으로 선덕여왕을 가리켜요. 분황사는 여왕의 절이라고 할 수 있지요.

황룡사지는 경주에서 가장 컸던 절이었으나 지금은 터만 남아 있어요. 선덕여왕이 세운 황룡사 9층 목탑은 고려 때 몽골의 침입으로 불타 버렸어요. 황룡사 9층 목탑은 규모가 어마어마했는데 아파트 30층에 맞먹는 높이였다고 해요. 현재 국립문화재연구소와 경주시가 복원을 추진하고 있으니 2035년쯤에는 9층 목탑의 웅장한 모습을 볼 수 있지 않을까요?

✦✦ 세계에서 가장 크고 아름다운 종소리, 성덕대왕 신종 ✦✦

신라의 대표적인 유물로 '성덕대왕 신종'을 빼놓을 수 없어요. 국보 제29호로 지정되었고 지금은 국립경주박물관 앞뜰에서 만날 수 있어요. 세계에서 가장 큰 종이며 가장 아름다운 소리를 내는 종으로 알려져 있지요. 1200여 년이나 지났는데도 아직도 소리를 낼 수 있다니 신라인의 기술이 얼마나 뛰어났는지 보여 주는 유물이에요. 최첨단 저울로 잰 종의 무게는 19톤이라고 해요. 종소리가 마치 엄마를 애타게 찾는 아이의 울음소리 같아서 사람들은 이 종을 '에밀레종'이라고도 불렀어요.

✤✤ 찬란한 신라 불교 문화, 석굴암과 불국사 ✤✤

석굴암과 불국사는 유네스코 세계문화유산이에요. 그중 석굴암은 국보 제24호로 불국사의 부속 암자로서 신라의 건축 기술이 얼마나 뛰어났는지를 보여 주어요. 석굴암은 돌을 아치형(반원형)으로 쌓아 올린 다음 크고 둥근 돌로 지붕을 막아서 돔형(둥근 그릇을 엎어 놓은 모양)으로 완성했어요. 기

석굴암

성덕대왕 신종

둥도 세우지 않고 접착제도 없이 천장이 무너지지 않는 튼튼한 석굴을 만들어 내었지요.

더욱 감탄할 만한 신라인의 지혜는 샘물 위에 석굴을 지었다는 것이에요. 샘물로 인해 차가운 습기는 바닥에 모여 땅속으로 스며들었고 늘 실내는 건조하게 유지돼 본존불을 잘 보존할 수 있었어요. 더욱이 자연스럽게 환기가 가능하도록 벽과 천장을 설계하여 천년이 넘어도 끄떡이 없었어요. 하지만 안타깝게도 일제 강점기와 박정희 정권 때 훼손되고 잘못 보수되고 말아요. 보수할 때 샘물은 밖으로 뽑아내고 외벽은 콘크리트로 막아 버렸어요. 그래서 자연적으로 습기를 제거하는 구조가 사라져 버리고 말았어요. 석굴암을 보존하기 위해 유리로 내부를 막아 놓아서 이제 우리는 유리벽 바깥에서밖에 볼 수 없게 되었지요.

신라시대의 또 다른 대표 유물은 불국사예요. 불국사의 대웅전에 들어가려면 33개의 돌계단으로 이루어진 청운교(국보 제23호)와 백운교(국보 제23호)로 올라가야 해요. 33개의 돌계단은 다리 아래의 인간 세상과 다리 위의 부처의 세계를 이어 준다고 여겼어요. 33개의 돌계단을 올라 부처의 나라에 들어서면 대웅전이 보이고 동쪽에는 다보탑(국보 제20호)이 서쪽에는 석가탑(국보 제21호)이 서 있지요.

✣✣ 세계에서 가장 오래된 목판 인쇄물 『무구정광대다라니경』 ✣✣

석가탑에서 『무구정광대다라니경』이 발견된 것은 1966년이었어요. 도굴

꾼들이 석가탑 안에 있는 사리함을 훔치려고 석가탑을 해체하려다가 실패하는 사건이 벌어졌어요. 그 일을 계기로 석가탑을 해체해 보게 되었는데요. 석가탑 안에 사리함만 있을 것이라는 예상을 깨고 『무구정광대다라니경』까지 발견되어 세계를 놀라게 했어요. 왜냐하면 『무구정광대다라니경』이 발견되기 전까지는 일본의 『백만탑다라니』가 세계에서 가장 오래된 인쇄본으로 인정받고 있었거든요. 『무구정광대다라니경』은 일본보다 20년 이상을 앞지른 것이라고 하니 우리 민족의 우수한 인쇄 기술을 보여 주어요.

다라니경은 주문이 적힌 경전이에요. '다라니'가 바로 '주문'이라는 뜻이거든요. 이것을 탑 안에 넣어 두면 재앙을 쫓고 무병장수할 것이라 믿었어요. 탑 안에 넣으려고 하다 보니 폭 6.6cm, 길이가 6m인 두루마리로 제작되었지요.

삼국의 문화유산 낱말퍼즐

삼국시대의 문화유산을 가로세로 낱말퍼즐로 정리해 보세요. 하나하나 풀어 나가다 보면 세 나라의 역사와 문화유산을 한눈에 정리할 수 있을 거예요.

✦ 가로 열쇠 ✦

② 석가탑에서 발견된 세계에서 가장 오래된 목판 인쇄본
④ 신라 화랑 2명이 나라에 충성할 것을 맹세하며 새긴 비석
⑥ 고구려 고분으로 동수묘라고도 불리는 고구려 귀족의 무덤. 귀족들의 생활 모습이 벽화에 잘 나타나 있어요.
⑧ 고려 때 몽고의 침입으로 불타 버린 9층 목탑
⑪ 신라 땅에서 발견된 고구려 유물로 광배 뒷면에 제작 과정이 새겨져 있는 불상
⑬ 백제 무령왕릉의 무덤을 지키던 상상의 동물
⑭ 장수왕이 아버지 광개토대왕의 업적을 기리기 위해 만든 거대한 비석

✦ 세로 열쇠 ✦

① 에밀레종으로도 불리며 경덕왕이 성덕왕을 기리기 위해 만든 종
② 백제시대 무덤으로 무덤의 주인이 누군지 알 수 있는 유일한 왕릉
③ 고구려 고분 강서대묘의 벽화로 동서남북 네 방위를 지키는 상상의 동물
⑤ 자연을 이용한 습기 조절, 아치형으로 쌓은 천장과 환기 기술 등 신라인의 기술을 보여 주는 석굴
⑦ 신라 선덕여왕이 세운 절로 선덕여왕을 가리키는 '향기로운 임금'이라는 말이 들어간 절
⑨ 불국사에 있는 탑으로 『무구정광대다라니경』이 발견된 탑
⑩ 백제의 왕들이 제사 지낼 때 피우던 향로
⑫ 고구려 고분으로 사신도가 발견된 고분
⑬ 신라의 전성기를 이끈 진흥왕이 자신이 넓힌 영토를 직접 돌아보며 세운 비석

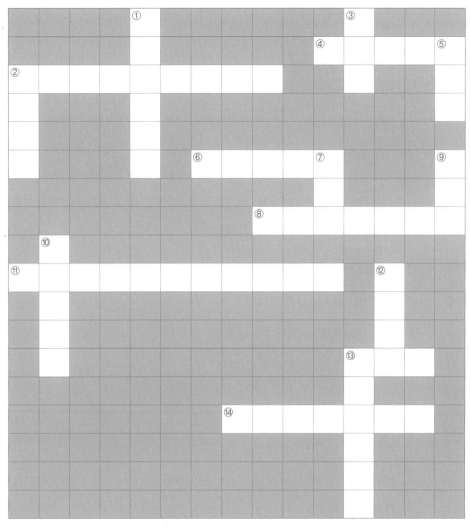

정답은 별면 〈정답 3〉

900년	견훤 후백제 건국
901년	궁예 후고구려 건국
918년	왕건 고려 건국
926년	거란 침공으로 발해 멸망
935년	신라 멸망
936년	후백제 멸망, 고려가 후삼국 통일
993년	거란의 고려 침략, 서희의 담판
1019년	강감찬의 귀주대첩
1170년	무신 정권 수립
1231년	몽골 침략
1232년	강화도 천도
1251년	팔만대장경 완성

<3장>

한반도의
두 번째
통일 왕국

• 고려시대 •

왕보다 힘이 센 귀족 세력이 나타났어요! 통일 신라

✦✦ 8세 나이에 왕위에 오른 혜공왕 ✦✦

신라의 제34대 임금 경덕왕은 왕비가 아들을 낳지 못해 고민이 많았어요. 왕위를 이을 왕자가 없다는 것은 큰일이었거든요. 그래서 새로 왕비를 맞이하여 아들을 낳았는데 8년 뒤 경덕왕은 승하(임금이 세상을 떠남)하고 말았어요.

8세에 왕위에 오른 혜공왕은 너무 어려서 어머니 만월 부인의 도움을 받아 나라를 다스렸어요. 그것을 '섭정'이라고 해요. 신라는 삼국을 통일한 후 강력한 왕권으로 귀족을 억눌러 왔어요. 어린 경덕왕이 즉위하자 자신들의 힘을 키우기 위해 기회만 엿보던 귀족들이 다시 일어나기 시작했어요. 만월 부인은 자신의 아들 혜공왕을 지키기 위해 외가의 힘을 빌릴 수밖에 없었지요. 왕의 힘이 약해진 신라는 귀족들끼리의 싸움과 곳곳에서 일어난 반란으로 혼란스럽기만 했어요.

설상가상으로 777년 경주에 규모 6.7이나 되는 지진이 두 번이나 일어났어요. 지진에 대한 과학적 지식이 없었던 당시의 사람들은 두려움에 떨었어요. 귀족들은 지진을 왕의 탓으로 돌리며 백성들의 마음을 왕에게서 멀어지게 했어요. 결국 삼국을 통일했던 태종 무열왕의 마지막 직계손인 혜공왕은 신하들에 의해 죽임을 당하고 말아요. 혜공왕이 죽고 150년 동안 신라는 귀족들에 의해 왕이 20명이나 바뀔 정도로 왕권이 약해졌어요.

✦✦ 왕도 부럽지 않았던 신라 호족들 ✦✦

신라가 삼국을 통일한 676년 이후부터를 통일 신라라고 불러요. 통일 신라는 고구려 땅 일부와 백제 땅을 다스리기 위해 왕권을 강화했어요. 그러다 혜공왕 즉위 후 왕권이 약해지자 신라의 귀족들은 자신들의 권력을 지키기 위해 서로 싸웠어요. 이 와중에 제일 괴로운 것은 바로 농민들이었어요. 귀족들은 농민들에게 세금을 걷어 호화로운 생활을 누리고 사병을 키우는 데 사용했어요. 통일 신라 말기 이렇게 등장한 귀족 세력을 '호족'이라고 해요.

호족들은 농민들에게 돈을 뜯어내기 위해 곡식을 빌려 준 뒤 높은 이자를 책정하여 백성들의 재산을 빼앗아 갔어요. 귀족들의 사치와 권력 다툼에 세금은 늘고 땅을 뺏긴 농민들은 떠돌거나 도적이 되었지요. 참다못한 농민들은 세금을 거부하고 농기구를 무기 삼아 들고 일어나기도 했어요. 이렇게 살기가 힘들어진 백성들은 마음속으로 어디에선가 영웅이 나타나 자신들을 구원해 주길 바라지 않았을까요?

귀족들의 사치와 향락이 어느 정도였는지는 『삼국사기』와 『삼국유사』에 잘 나타나 있어요. 권력이 강력했던 귀족은 거느린 노비만 3000여 명이나 되었다고 해요. 거기다가 거느린 사병과 가축도 각각 3000에, 반찬 가짓수도 50여 가지나 되었다고 하니 귀족들의 권세가 얼마나 높았는지 알 수 있지요. 심지어 그릇이나 수레뿐만 아니라 집까지도 금이나 은으로 장식을 했어요. 당나라 서역(인도, 중앙아시아, 중동지역)에서 들여온 비싼 외제품들을 마구 사들여 사치스럽고 호화스러운 생활을 누렸어요.

지방의 호족들은 왕권이 지방에 미치지 않게 되자 '장군' 또는 '수장'이 되어 그 지역을 직접 다스리기 시작했어요. 마음대로 세금을 걷고 군대를 양성하고 주변 지역을 자신의 영역으로 넓히기 시작했지요. 이처럼 혼란스러운 시기에 나타난 장군들이 있으니 바로 견훤, 궁예, 왕건이랍니다.

신라시대 연회가 열렸던 안압지

신라 귀족들의 놀잇감 주령구 벌칙 놀이

경주 동궁과 안압지에서 출토된 주령구는 정사각형 면 6개와 육각형 면 8개로 이루어진 14면체 주사위예요. 각 면에는 다양한 벌칙들이 적혀 있는데요. 신라 귀족들이 술을 마시며 즐겼던 놀이예요. 주령구를 살펴보고 재미있는 벌칙 주사위를 만들어서 친구와 함께 놀이를 해보세요.

✦ 준비물 ✦

14면체 전개도(B4 크기), 펜, 가위, 풀

✦ 놀이 방법 ✦

- 가위바위보 해서 이긴 사람이 주사위를 굴리면 진 사람이 벌칙을 수행해요.
- 여러 가지 게임을 한 후 진 사람이 주사위를 던져 벌칙을 수행할 수도 있어요.
  (예를 들어 수건돌리기 한 후 걸린 사람 벌칙 수행하기)

✦ 주령구에 적힌 벌칙들 ✦

1. 금성작무(禁聲作舞)- 노래 없이 춤추기
2. 중인타비(衆人打鼻)- 여러 사람 코 때리기

3. 음진대소(飮盡大笑) – 술잔 한 번에 다 비우고 크게 웃기

4. 삼잔일거(三盞一去) – 술 석 잔을 한번에 마시기

5. 유범공과(有犯空過) – 덤비거나 놀려도 참고 가만 있기

6. 자창자음(自唱自飮) – 스스로 노래 부르고 마시기

7. 곡비즉진(曲臂則盡) – 팔을 구부려 다 마시기

8. 농면공과(弄面孔過) – 얼굴 간지러움을 태워도(놀려도) 참기

9. 임의청가(任意請歌) – 노래를 요청 받아 부르기

10. 월경일곡(月鏡一曲) – 달 노래 한 곡 부르기

11. 공영시과(空詠詩過) – 시 한 수 읊기

12. 양잔즉방(兩盞則放) – 두 잔이 있으면 즉시 비우기

13. 추물막방(醜物莫放) – 청소하기

14. 자창괴래만(自唱怪來晚) – 괴래만(밤늦게 곤드레가 되어 들어오는 모양새) 되어 부르기

✦ 만드는 방법 ✦

1. 14면체 전개도에 재미있는 벌칙이나 신라 귀족들이 사용한 벌칙을 써넣어요.
(Tip 팔굽혀 펴기 30회, 엉덩이로 이름 쓰기, 코끼리 코로 다섯 바퀴 돌기 등)

2. 가위로 오리고 풀을 칠해 모서리를 붙여요.

3. 벌칙 주사위 완성

118

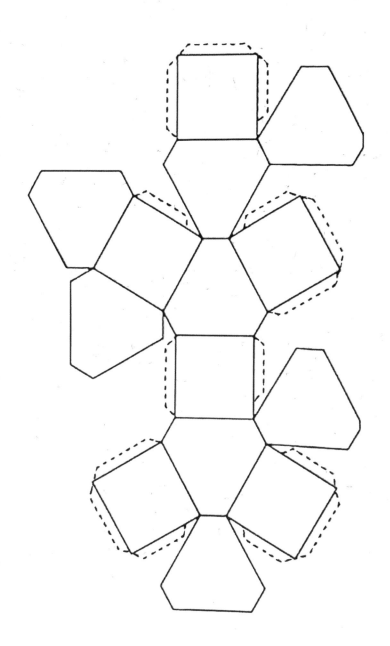

호랑이 젖을 먹고 자란 견훤, 후백제를 세워요

✦✦ 왜 나라 이름을 백제라고 했을까? ✦✦

견훤의 아버지 아자개는 원래 농사를 짓는 사람이었어요. 견훤이 아직 아기였을 때 일이었어요. 아버지는 들에서 밭을 갈고 어머니는 밥을 가지러 간 사이 견훤은 강보(아기를 싸매는 천)에 싸여 수풀 아래 누워 있었지요. 바로 그때 호랑이가 나타나 견훤에게 젖을 먹였다고 해요. 그래서인지 견훤은 자라면서 다른 사람들보다 체격과 용모가 크고 뛰어나 범상치 않았다고 해요. 아자개는 뒤에 출세하여 군인이 되었는데 견훤도 커서 지금의 전라도 지방을 지키는 군인이 되었어요. 견훤이 고통받고 있던 농민들을 구한다

견훤

는 명분으로 군사를 일으키자 많은 백성들이 견훤을 지지하고 모여들었어요. 견훤은 스스로 왕으로 나서 900년 완산주(지금의 전주)에 도읍을 정하고 나라 이름을 백제라고 했어요. 후백제는 이전의 백제와 구별하기 위해 나중에 사람들이 붙인 이름이에요.

견훤이 나라 이름을 백제라고 한 이유가 무엇일까요? 견훤이 나라를 세운 곳이 옛 백제 땅이었기 때문이에요. 견훤은 백성들이 자기를 잘 따르게 하려면 백제의 이름을 빌리는 것이 좋겠다고 판단했어요. 그래서 백제의 원한을 갚기 위해서 나라를 세운다고 선언하며 백성들의 마음을 모았어요.

그 후 견훤은 왕권을 강화하기 위해 귀족의 힘을 약화시키는 정책을 펼쳤어요. 관리와 군대를 지방으로 보내 호족들의 군대를 감시하는 한편 호족들의 자식을 도읍으로 불러들여 꼼짝 못하게 하였어요. 또한 서해의 뱃길을 이용해 중국과 교류하였고, 일본에도 여러 차례 사신을 보내는 등 다른 나라와 좋은 관계를 유지하려고 노력했어요. 견훤의 이러한 노력 덕분에 후백제는 빠르게 성장해 나가기 시작했어요.

✦✦ 견훤이 쳐들어올 때 신라의 경애왕은 무엇을 하고 있었을까? ✦✦

견훤은 신라에 대항하여 나라를 세웠지만 그의 라이벌은 고려 태조 왕건이었어요. 왕건은 918년에 고구려를 잇겠다며 고려를 세운 영웅이에요. 통일 신라는 쇠퇴해 가고 있으니 새롭게 건국된 두 나라가 경쟁하게 된 것이지요. 927년 즈음 백제와 고려의 사이는 최악으로 치달았어요. 그러는 와중 신라의 경애왕은 고려의 왕건과 친하게 지내며 후백제를 적대시했지요. 신라가 고려와 합세하여 종종 후백제를 공격하자 위기를 느낀 견훤은 환갑이 다 된 나이였는데도 불구하고 고려와의 싸움에 나섰어요. 그런데 누구도 예상하지 못한 일이 벌어졌어요. 북쪽으로 진격하던 견훤이 갑자기 신라의 도읍지 서라벌로 방향을 튼 거예요. 이에 신라의 경애왕은 고려에게 도움을 청했어요. 왕건은 1만 명의 지원군을 보냈지요. 경애왕은 고려의 지원군을 너무 믿었던 걸까요? 견훤이 서라벌로 무섭게 쳐들어오는 동안 경애왕은 아무런 대책이 없이 포석정에 있었어요.

포석정은 인공적으로 물이 흐르도록 만든 도랑이에요. 신라 귀족들은 이 도랑 둘레에 앉아 물에 술잔을 띄우고 시를 읊으며 놀았다고 해요. 견훤이 쳐들어오고 있는데 고려의 지원군만 믿고 술을 마시고 있었던 거지요. 견훤이 그렇게 빨리 진격해 올 거라고 상상도 못했던 것 같아요.

포석정

결국 경애왕은 포석정에서 견훤의 강압에 못 이겨 자결을 하고 말지요. 그 뒤 견훤은 신라 왕족 가운데 한 명을 왕위에 앉혔어요. 그가 바로 신라의 마지막 임금 경순왕이에요. 견훤은 서라벌을 약탈하고 여러 시설들을 파괴했어요. 이 일로 신라는 다시는 일어설 수 없는 지경이 되었어요.

❖❖ 호랑이 같았던 영웅, 역사 속으로 비참하게 사라지다 ❖❖

신라의 왕을 갈아치우고 왕건까지 간담을 서늘하게 했었던 견훤. 하지만 그의 최후는 비참하기만 했어요. 세상에 두려울 것이 없었던 견훤의 가장 큰 실수는 왕위를 맏아들이 아니라 넷째 아들에게 물려주려고 했다는 것이에요. 맏아들인 신검은 결국 아버지 견훤을 금산사에 가둬 버리고 말았지요. 3개월 후 겨우 탈출한 견훤은 평생의 라이벌이었던 왕건을 찾아가 도움을 청했어요. 심지어 자기 자식들을 죽여 달라고 부탁까지 했지요. 결국 후백제는 고려 왕건의 공격을 받아 멸망해요.

한때 고려와 신라를 위협하고 한반도에서 가장 힘이 센 강자로 부상하던 후백제. 천하를 호령하던 견훤이 후삼국을 통일하지 못하고 역사의 뒤안으로 사라질 수밖에 없었던 이유는 무엇이었을까요? 자식을 적으로 돌리고 나라까지 적의 손에 넘겨준 견훤의 고집 때문은 아니었을까요? 견훤을 통해 지도자의 자질이 얼마나 중요한지 깨닫게 되지요.

내가 만들어 보는 후백제의 상징 깃발

여러분이라면 나라를 상징하는 이미지를 어떻게 만들고 싶은가요? 각 나라의 특징을 나타내려면 어떤 그림과 글자를 넣으면 좋을까요? 후백제는 나라를 세울 때 백제의 영광을 되찾고 이어갈 것이라는 점을 내세웠어요. 나라를 상징하는 이미지를 참고하여 후백제를 상징하는 깃발을 자유롭게 만들어 보세요. 다음에 소개될 후고구려 상징 깃발을 만들어도 좋아요.

❖ 준비물 ❖

종이, 크레파스

❖ 참고 자료 ❖

다음 자료를 참고하여 자유롭게 깃발 모양을 떠올려 보세요.

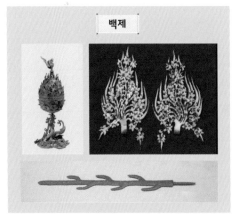
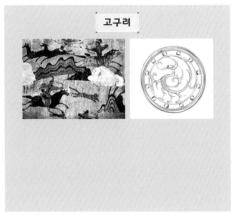

깃발을 그려 보세요.

애꾸눈 왕자 궁예, 후고구려를 세워요

✦✦ 궁예는 어쩌다 애꾸눈이 되었을까? ✦✦

궁예는 신라의 왕과 궁녀 사이에서 태어난 왕자였어요. 음력 5월 5일인 단오에 태어났는데, 태어날 때부터 이가 있었다고 해요. 그 당시에는 단오에 태어난 아이는 불길하다는 인식이 있었어요. 더구나 태어날 때부터 이가 있으니 많은 신하가 나라를 망칠 아이라며 죽여야 한다고 왕에게 청했지요. 이에 왕은 신하를 시켜 아기를 죽이라고 명령을 내렸어요. 하지만 신하는 차마 아기를 죽일 수 없었어요. 그래서 누각 위에서 아기를 던졌는데 유모가 아기를 살리려고 받아 안으면서 유모의 손가락이 아기의 한쪽 눈을 찌르고 말아요. 이때부터 궁예는 애꾸눈(한쪽이 먼 눈)이 되었대요.

유모는 도망쳐 숨어 지내며 궁예를 길렀어요. 궁예는 10세가 되자 유모

곁을 떠나 세달사라는 절에서 조용히 승려로 살았어요. 궁예는 승려가 되어서도 활쏘기와 무술 연습을 게을리하지 않았는데 궁예라는 이름도 '활 잘 쏘는 사람의 후예'라는 뜻이라고 해요. 무능한 왕실과 귀족들의 횡포로 백성들의 삶이 피폐해지고 세상이 어지러워지자 궁예는 절을 뛰쳐나와 양길 장군의 부하가 되었어요.

궁예는 양길 장군 밑에서 세력을 키워 나갔어요. 부하들과 함께 고생하고 모든 일을 공평하게 처리해서 신망을 얻은 그는 곧 장군이 되었어요. 그리고 후백제가 세워진 지 1년 뒤인 901년, 궁예는 송악을 도읍으로 하는 나라를 세웠어요. 처음에는 나라 이름을 '고구려'라 했는데 철원으로 도읍을 옮긴 후에는 '태봉'으로 바꿨어요. 궁예가 세운 나라를 후고구려라고 부르는 이유는 삼국시대의 고구려, 왕건이 세운 고려와 구분하기 위해서랍니다.

✦✦ 궁예는 왜 버림받았을까? ✦✦

나라를 세운 후 궁예는 자신을 '미륵불'이라고 자처했어요. 미륵불이란 '백성을 구원하기 위해 미래에서 온 부처'를 말해요. 궁예는 자신이 미륵불이기 때문에 다른 사람의 마음을 읽을 수 있다고 우겼어요. 그 능력을 '관심법(觀心法)'이라고 불렀어요. 궁예는 관심법을 이용해 자신의 마음에 들지 않는 사람들을 죽이기 시작했어요. 마음속에서 반란을 꾀하는 것을 읽었다면서 말이지

궁예

요. 그 관심법으로 자신에게 반하는 자신의 부인과 두 아들까지 죽였다고 하니 생각만 해도 으스스하지요. 부하들과 동고동락하면서 전쟁터를 누비고 백성들의 신의를 얻었던 궁예의 모습은 온데간데없었어요. 백성들을 두려움에 떨게 하는 폭군이 되었던 거예요. 결국 백성들은 궁예에게서 등을 돌렸고 궁예는 자신의 부하였던 왕건에게 쫓겨나 비참한 최후를 맞이했어요.

역사 할리갈리

할리갈리는 단순하지만 재미있게 경쟁을 즐길 수 있는 놀이예요. 역사 할리갈리는 탄탄한 배경지식과 판단력을 바탕으로 순발력을 발휘해야 하기 때문에 놀이 전에 본문을 충분히 익힐수록 유리해요.

◈ 놀이 방법 ◈

① 놀이판에 카드(활동 자료 3)를 뒤집어서 안 보이게 놓아요.

② 상대방과 함께 "하나, 둘, 셋!" 하면서 동시에 두 개의 카드를 뒤집어요.

③ 카드에 적힌 내용이 같은 나라를 나타내면 "STOP!" 하고 외쳐요. 같은 나라 카드가 맞으면 먼저 외친 사람이 카드를 가져요. 같은 나라 카드가 아닌데 외쳤다면 카드를 상대방에게 모두 주어야 해요.

④ 남은 카드로 다시 "하나, 둘, 셋!" 하면서 동시에 두 개의 카드를 뒤집어요.

⑤ 카드를 많이 차지한 사람이 이겨요.

후삼국을 통일시킨 왕건, 부인이 29명이라고요?

✦✦ 궁예를 몰아내고 왕이 된 왕건 ✦✦

어느 날 궁예는 왕건을 불러 무서운 얼굴을 하고 이렇게 물었어요.

"어젯밤에 사람들을 모아서 반역을 꾀하였다고 하던데 사실인가?"

왕건은 궁예가 터무니없는 관심법으로 자신을 시험하려 한다는 것을 눈치챘어요. 하지만 반역을 꾀한 적이 없으니 절대로 그런 적이 없다고 단호하게 말했지요. 그런데 대답을 들은 궁예는 더 다그치는 것이 아니겠어요?

"나를 속이려 해도 소용없다. 이제부터 정신을 집중하여 관심법으로 반역을 꾀하려고 했는지 알아낼 것이다!"

왕건이 어찌할 바를 모르고 있을 때 최응은 일부러 붓을 떨어뜨리고 줍는척하면서 왕건에게 귓속말을 했어요.

"장군, 역모를 꾀하였다고 하십시오. 그러지 않으면 죽을지도 모릅니다."

이 말을 들은 왕건은 "잘못했습니다. 제가 반역을 꾀하였으니 죽어 주십시오."라고 하며 무릎을 꿇었어요. 그러자 궁예는 왕건이 정직한 사람이라며 오히려 상을 주었어요.

궁예의 이러한 태도에 신하들의 마음은 불안하기만 했어요. 궁예를 따르던 장군들은 왕건에게로 돌아서기 시작했어요. 일부 호족들과 장군들은 궁예를 몰아내고 왕건을 왕으로 세울 계획을 세웠어요. 이를 위해 왕건을 찾아가서 궁예를 내쫓고 왕이 되어 줄 것을 청했지요. 하지만 왕건은 어찌 임금을 몰아낼 수가 있느냐며 거절했어요. 바로 그때 부인 유씨가 갑옷을 가져와 왕건에게 입히며 이렇게 말했어요.

"의로운 군사를 일으켜 포악한 임금을 없애는 일은 예부터의 일입니다."

왕건은 부인의 말을 듣고 마음을 움직였어요.

열아홉 살에 궁예의 부하가 되었던 왕건은 전쟁터를 누비며 자신의 군대와 믿음직한 장군들을 자기 편으로 만들 수 있었어요. 마침내 왕건의 나이마흔한 살이 되던 918년에 궁예를 몰아내고 나라를 세웠어요. 고구려의 후손임을 내세우며 나라 이름을 '고려'라 짓고 수도를 철원에서 자신의 고향인송악으로 옮겼어요.

✦✦ 한반도의 두 번째 통일 왕국, 고려 ✦✦

아들 신검에 의해 금산사에 갇혔던 견훤(후백제)이 탈출하여 왕건에게 도

왕건 어진

움을 청하러 왔어요. 왕건은 견훤을 극진하게 대접하며 거의 모든 청을 받아 주었어요. 견훤에 의해 신라의 왕위에 오른 경순왕은 신라의 운명이 다 했음을 알고 왕건에게 스스로 항복해 왔어요. 왕건은 경순왕의 조카딸을 부인으로 맞이하며 경순왕을 장인어른으로 대접하는 등 각별하게 챙겼지요. 또한 발해(고구려가 멸망한 뒤 대조영이 한반도 북부에 세운 나라)가 멸망하자 고려로 넘어온 발해 유민들을 받아들여 고려 사람들과 동등하게 대우해 주었어요. 936년 왕건은 견훤을 앞세우고 후백제를 공격하며 신검의 항복을 받아냈어요. 마침내 고려가 후백제와 신라를 통합하고 고구려를 계승했던 발해 유민을 받아들임으로써 후삼국 통일을 이루었어요.

통일 후 왕건이 풀어야 할 가장 큰 숙제는 무엇이었을까요? 그것은 바로 호족 세력이었어요. 후삼국 통일도 호족의 도움을 많이 받았기 때문에 호족과의 관계를 잘 유지하면서도 왕권을 강화하는 것이 왕건의 최대 과제였지요. 왕건은 전국의 영향력 있는 호족을 관리하는 방법으로 그들의 딸과 결혼하는 방법을 택했어요. 딸이 없는 호족에게는 왕씨 성을 하사하여 집안 사람으로 만들었지요.

그 결과 태조 왕건은 왕비가 6명, 부인이 23명으로 총 29명의 부인을 두게 되었어요. 부인들의 출신지를 살펴보면 전국 방방곡곡의 여성들과 결혼했다는 것을 알 수 있어요.

후삼국을 통일시켜라! 주사위 보드게임

지금까지 후삼국시대의 역사를 살펴보았어요. 재미있게 읽고 흐름만 기억하고 있어도 좋지만, 보다 기억에 남기고 싶다면 보드게임을 해보세요. 중요한 역사적 내용을 바탕으로 만든 보드판으로, 놀면서 핵심 내용을 익힐 수 있어요.

✦ 준비물 ✦

말, 보드게임판, 주사위, 최소 2명 이상.

✦ 놀이 방법 ✦

① 가위바위보로 순서를 정해요.

② 주사위를 던져서 나온 수만큼 말을 옮기고 퀴즈를 풀어요.

③ 퀴즈를 풀었으면 말을 움직여요.

④ 먼저 도착한 사람이 후삼국 통일!

✦ 정답 ✦

① 혜공왕 ② 호족 ③ 주령구 ④ 견훤 ⑤ 완산주 ⑥ 경애왕 ⑦ 포석정 ⑧ 발해 ⑨ 미륵불 ⑩ 관심법 ⑪ 고려 ⑫ 송악 ⑬ 경순왕 ⑭ 29명 ⑮ 후고구려 ⑯ 936년 ⑰ 금산사 ⑱ 918년 ⑲ 호족

| 16 왕건이 후삼국을 통일한 해는? | 17 견훤이 아들 신검에 의해 갇혔던 절은? | 18 왕건이 궁예를 몰아내고 나라를 세운 해는 ( )년 | 19 왕건이 29명의 부인을 둔 이유는 ( )를 견제하기 위해서 | 도착! |

뒤로 2칸

| 한 번 쉬어요! | 15 궁예는 나라를 세우고 이름을 무엇이라고 했나요? | 14 왕건의 부인은 모두 몇 명이었나요? | 13 신라의 마지막 임금은? | 앞으로 1칸 (엉덩이로 이름 쓰기) |

뒤로 2칸

| 9 궁예는 자신을 백성을 구원하기 위해 온 ( )이라 했어요. | 10 궁예가 다른 사람의 마음을 읽을 수 있다고 한 능력은? | 11 왕건이 세운 나라 이름은? | 12 왕건은 고려의 도읍을 어디로 정했나요? | 한 번 쉬어요! |

뒤로 2칸

| 한 번 쉬어요! | 8 고구려가 멸망한 뒤 대조영이 한반도 북부에 세운 나라는? | 7 경주에 있는 문화재로, 인공적으로 흐르게 한 물 위에 신라 귀족들이 술잔을 띄우며 유흥을 즐겼던 곳 | 6 견훤은 신라로 쳐들어가서 신라의 왕을 죽였어요. 왕의 이름은? | 5 후백제는 어디에 도읍을 세웠나요? |

| | | | | 4 후백제를 세운 사람은? |

출발!

| 1 8세에 왕위에 오른 통일 신라의 왕은? | 2 통일 신라 말기에 등장한 귀족 세력을 무엇이라고 하나요? | 3 통일 신라 귀족들의 놀잇감인 14면체 주사위를 무엇이라고 하나요? | 한 번 쉬어요! |

60만 대군을 물리친 서희의 외교술

✦✦ 만부교 아래 낙타의 울음소리는 거란족을 부르는 소리였을까? ✦✦

왕건이 고려를 안정시키며 국력을 키워 나갈 때 만주 벌판에서는 거란이 발해를 멸망시키고 중국의 북쪽 지방을 차지하며 세력을 키우고 있었어요. 거란은 고려와의 외교를 위해 사신 30명과 함께 낙타 50마리를 바쳤어요. 왕건은 우리와 한민족이었던 발해를 멸망시킨 거란을 좋게 여기지 않았어요. 그래서 사신들을 모두 섬으로 유배 보내고 낙타 50필을 개성의 만부교 아래 매달아 굶겼어요. 거란에게 나라를 빼앗긴 발해 유민들에게는 큰 위로가 되었겠지요.

한동안 만부교에 매달린 낙타 50마리의 울음소리가 개성을 흔들었어요.

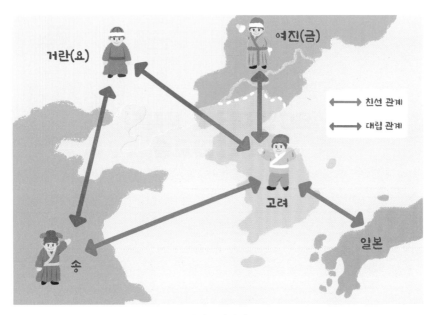

고려의 주변 나라들

거란은 자신들을 적대시하는 고려에 대해 괘씸한 마음을 갖게 되었지요. 거란은 점점 힘을 키워 북중국 지역으로 영토를 넓히고 나라 이름을 '요'라고 했어요. 그리고 언젠가는 송나라를 무너뜨리고 중국 땅을 차지하겠다는 야욕을 품었어요.

송나라는 960년에 혼란스럽던 중국을 통일한 나라예요. 고려는 송나라와 교류하며 좋은 관계를 유지했지요. 한반도의 북동쪽에는 여진족이 자리 잡고 있었는데 여진족은 말갈족의 후예로서 발해를 구성했던 피지배층이었어요. 고려는 영토 문제로 여진족과 좋은 관계를 유지하기 어려웠어요.

요나라의 황제 성종은 송나라를 공격할 준비를 끝냈어요. 막상 송나라와 전쟁을 하려고 하니 송과 친하게 지내는 고려가 협공해 올까 걱정되었어요.

그래서 거란은 50년 전의 만부교 낙타 사건을 빌미로 고려를 침략했어요. 이게 바로 거란의 1차 침입이에요.

✦✦ 피 한 방울 흘리지 않고 승리하다 ✦✦

"송나라를 돕지 못하도록 먼저 고려를 친 다음 송나라를 정복하자!"

거란 장수 소손녕은 80만 대군을 이끌고 고려로 쳐들어 왔어요. 80만 대군에 밀려 고려군은 첫 전투에서 패할 수밖에 없었어요. 소손녕은 옛 고구려 땅이었던 압록강 일대를 내놓으라고 위협했어요. 그러자 고려 조정에서는 대책을 논의하기 시작했지요. 대부분의 신하들은 80만 대군에 맞서 이기기 힘들다며 "거란의 요구대로 땅을 떼어 주고 화친(나라와 나라 사이에 친하게 지내는 것)합시다!"라고 주장했어요. 하지만 서희는 이렇게 반대했어요.

"고려는 고구려를 이은 나라라는 뜻이오. 거란이 내놓으라는 땅은 고구려의 땅인데 절대로 우리 땅을 내어 줄 수는 없습니다!"

고려가 쉽게 항복하지 않으니 소손녕은 안융진을 공격했어요. 이런 일촉즉발의 상황에서 발해 유민 출신 대도수 장군이 거란군을 크게 물리쳤어요. 안융진 전투의 승리로 상황이 바뀌자 소손녕은 고려에 협상을 요구했어요. 고려의 협상 대표로 나선 이는 바로 서희였어요. 서희는 고려의 사신으로 거란군 신영에 찾아갔어요. 드디어 거란 장수 소손녕을 상대로 서희의 외교 담판이 시작되었어요.

소손녕

고려는 신라 땅에서 일어났고 요나라는 고구려를 계승한 발해를 멸망시켜 옛 고구려 땅을 차지했으니 이제 요나라 땅이다. 요나라 땅을 침범하는 것을 그만두고 이제라도 땅을 바치고 항복해라!

서희

고려는 고구려를 계승한 나라이며 그래서 이름을 고려라고 했다. 요나라의 영토인 요동과 압록강 안팎도 원래는 고구려의 영토인데 어찌 우리가 침범한다고 하는가? 오히려 우리 땅을 내놓아야 할 것이다.

소손녕

요나라와 국경을 맺고 있는데도 우리를 적대시하고 바다 건너 송나라와 교류하는 이유는 무엇인가?

서희

요나라와 고려 사이에는 여진족이 있다. 이들이 길을 막고 있어 국교를 맺기 어렵다. 여진족을 먼저 몰아내고 압록강 유역을 고려가 차지한다면 요나라와도 국교를 맺을 수 있다.

소손녕

앞으로 송나라와 교류를 끊고 요나라와 잘 지내겠다고 약속하면 군대를 돌리고 물러나겠다.

　서희는 거란이 고려를 공격한 것은 고려를 차지하기 위해서가 아니라 고려와 송나라와의 관계를 끊기 위해서임을 간파했어요. 그래서 여진족을 핑계로 요나라를 달래는 외교를 펼쳤던 거예요. 서희의 뛰어난 외교술로 소손녕의 군대는 조용히 요나라로 되돌아갔어요. 또 고려가 고구려를 계승한 나라라는 주장을 받아들여 압록강 주변의 땅을 돌려주기도 했지요. 소손녕은 서희의 외교력을 칭찬하며 낙타 10마리와 말 100마리, 양 100마리, 비단 500필을 선물했다고 해요.

소손녕이 물러간 후 서희는 직접 군사를 이끌고 압록강 동쪽에 있던 여진족을 몰아내었어요. 그리고 국경을 튼튼히 하기 위해 돌려받은 압록강 일대에 '강동 6주'라는 여섯 개의 성을 쌓았어요. 강동 6주는 만주 지역으로 통하는 길목인 데다 군사적으로 중요한 곳이었어요. 서희는 거란 대군을 피 한 방울 흘리지 않고 되돌려 보냈을 뿐 아니라 군사적 요충지까지 고려 땅으로 만들었어요. 역사에 길이 남을 일을 한 것이지요.

서희가 되어 상황극 해보기

친구나 가족들과 함께 서희와 소손녕의 협상 상황극을 해보세요. 80만 대군을 거느리고 고려로 쳐들어온 소손녕은 거만한 태도로 고려를 깔보았어요. 그러나 서희는 모두가 거란군을 두려워하는 상황에서도 당당하게 맞섰어요. 내가 서희라면 어땠을까 생각하며 연기를 해보세요. 서희의 외교적 판단과 용기가 얼마나 뛰어났는지를 알 수 있을 거예요.

✦ 대본 예시 ✦

역할을 나눈 후 다음 대사에 맞춰 상황극을 해보세요.

해설: 서희는 거란군 진영으로 걸어가서 소손녕을 만났어요.

 서희는 나에게 절을 하라. 안 그러면 협상은 없다!

 나는 어명을 받은 고려의 사신이다. 사신끼리는 동등한 자리이니 절을 할 수 없다.

해설: 서희는 협상을 거부하고 숙소로 돌아가 자리에 누워 일어나지 않았어요.

 (당황하며) 절하는 것은 없던 것으로 하고 협상이나 하자!

 진작에 그럴 것이지! 협상 시작!

 우리가 발해를 멸망시켜 옛 고구려 땅을 차지했으니 이제 요나라 땅이다. 이제라도 땅을 바치고 항복해라!

고려는 고구려를 계승한 나라이며 그래서 이름을 고려라고 했다. 원래는 고려의 영토인데 어찌 요나라 땅이라 하는가? 오히려 우리 땅을 내놓아야 할 것이다.

 우리를 적대시하고 바다 건너 송나라와 친하게 지내는 이유는 뭔가?

 요나라와 고려 사이에 여진족이 있어 어려움이 많다. 여진족을 먼저 몰아내고 압록강 유역을 고려가 차지한다면 요나라와도 국교를 맺을 수 있다.

 앞으로 송나라와 교류를 끊고 요나라와 잘 지내겠다고 약속하면 군대를 돌리고 물러나겠다.

 좋다!

대본 예시를 참고하여 직접 대사를 만들어 보아도 좋아요.

해설: 서희는 거란군 진영으로 걸어가서 소손녕을 만났어요.

해설: 서희는 협상을 거부하고 숙소로 돌아가 자리에 누워 일어나지 않았어요.

거란과의 전쟁을 끝낸 강감찬 장군의 귀주대첩

거란은 서희의 담판으로 물러간 뒤에도 고려가 송나라와 계속 친하게 지내자 약속을 지키지 않는다며 2차 침입을 해왔어요. 이때 고려는 다시 외교전을 펼쳐요. 송나라와 관계를 끊고 강동 6주를 되돌려 줄 것을 요구하는 거란에게 화친을 약속한 것이지요. 하지만 이후에도 고려는 약속을 지키지 않았어요. 그러자 거란은 화를 참지 못하고 3차 침입을 해왔어요. 이때가 1018년이에요. 소배압이 이끄는 거란의 10만 대군을 맞이한 사람은 바로 일흔한 살의 백전노장 강감찬 장군이었어요. 당시 고려는 거란의 계속된 침략에 만반의 준비를 하고 있었어요. 강감찬 장군은 거란이 흥화진을 돌아서 강을 건너 개경(수도)으로 쳐들어갈 것을 예상하고 강 수변에 기병을 숨겨 놓았어요. 그런 다음 소가죽을 이어 붙여서 상류의 물을 흐르지 못하게 막았어요. 그러고는 거란의 10만 대군이 강을 건너는 순간 소가죽을 풀어

강감찬 동상

일시에 물을 흘려보냈어요. 거란 군이 빨라진 물살에 당황하는 사이 숨어 있던 고려의 기병들이 거란 병사들을 에워싸고 공격했어요. 이 싸움으로 거란은 큰 타격을 입었지요. 이 싸움을 '흥화진 전투'라고 해요.

흥화진 전투에서의 패배에도 불구하고 소배압은 개경을 공격하기 위해 남쪽으로 군대를 몰았어요. 수도인 개경만 함락시키면 고려의 항복을 받아 낼 수 있을 것이라 여겼기 때문이에요. 하지만 개경에 도착한 거란 군대는 철통같은 수비를 보고 좌절하고 말았어요. 개경은 이미 만반의 준비 태세를 갖추고 있었거든요. 개경 주변에 있는 백성들을 모두 성안으로 피신시키는 한편 우물을 전부 메워 버리는 등 식량 한 톨 남기지 않고 성문을 닫아걸었어요. 결국 거란 군대는 전의를 상실하고 철수하기 시작했어요. 철수하는 거란 군대를 가만히 놔줄 강감찬 장군이 아니었지요. 드디어 귀주에서 마지막 전투가 시작되었어요. 때마침 바람의 방향이 바뀌어 거란 쪽으로 거센 바람이 불자 고려 군사들이 쏘아대는 화살에 수많은 거란 군사들이 쓰러졌어요. 10만 거란 군사들 중에서 살아 돌아간 자는 2000여 명에 불과했어요.

이 전투가 바로 우리나라 3대 대첩 중 하나인 '귀주대첩'이에요. 귀주대첩을 끝으로 거란과 고려와의 30여 년간의 전쟁은 고려의 승리로 끝났어요. 거란은 다시는 고려에 강동 6주를 내놓으라는 말을 할 수 없게 되었어요. 강감찬이 싸움에 이기고 돌아오자 고려 현종은 금으로 만든 8가지 꽃을 강감찬의 머리에 직접 꽂아 주었다고 해요. 이후 100여 년 동안 고려는 평화로운 시기를 보내며 찬란한 문화를 꽃피웠어요.

고려 땅을 지켜라! O, X 퀴즈

퀴즈를 통해 고려의 침략 역사를 다시 살펴보아요. 퀴즈를 틀릴 때마다 땅의 크기가 줄어들어요. 탄탄한 역사 지식으로 고려 땅을 지켜내 보세요. 문제를 다 풀기도 전에 땅을 모두 잃었다면 다시 도전해 보세요.

✤ 준비물 ✤

B4 종이나 신문지 1장, O, X 퀴즈 표

✤ 놀이 방법 ✤

① 종이 위에 한 명씩 올라가 서요. 종이를 고려 땅이라고 생각하세요.

② O, X 퀴즈를 한 문제씩 풀어 맞히면 그대로, 틀리면 종이를 반으로 접어요.

③ 틀릴 때마다 종이를 접는데 너무 많이 접어서 설 수 없게 되면 지는 놀이예요. 문제를 잘 맞춰 고려 땅을 지켜 주세요.

✦ 고려 땅 지키기 O, × 퀴즈와 정답 ✦

퀴즈	정답
거란이 세운 나라는 금나라다.	X
거란은 태조 왕건에게 보낸 낙타를 굶겨 죽인 일을 핑계로 고려로 쳐들어왔다.	O
거란은 1차 침입 때 황제가 직접 군대를 이끌고 쳐들어왔다.	X
서희는 소손녕과의 담판에서 강동 6주를 획득했다.	O
고려는 여진족과 사이가 좋았다.	X
거란의 2차 침입으로 강동 6주를 거란에게 빼앗겼다.	X
거란의 2차 침입 때 고려와 거란은 크게 싸웠다.	X
강감찬이 거란의 3차 침입을 소가죽으로 강물을 막아 물리친 곳은 귀주다.	X
고려가 거란을 물리치고 세운 성은 만리장성이다.	X
거란의 3차 침입 후 고려는 100여 년간 평화를 누렸다.	O
거란은 고려에게 송나라와의 관계를 끊기를 계속 요구했다.	O

더 이상 참을 수 없다!
차별받던 무신들의 반란

✦✦ 천대 받았던 고려의 무신들 ✦✦

고려 제17대 왕 인종 때의 일이었어요. 궁궐에서는 한 해를 보내는 마지막 날(음력 섣달 그믐날) 나쁜 귀신을 쫓기 위한 '나례'라는 행사가 열리고 있었어요. 모든 신하들이 용이나 봉황 등의 탈을 쓰고 춤도 추고 놀이를 하는 행사였어요. 무신(신하 가운데 무관) 정중부가 용의 탈을 쓰고 멋지게 춤을 추자 인종이 칭찬했어요. 그런데 갑자기 세찬 바람이 부는 바람에 촛불이 모두 꺼져 버리고 말았어요. 그때 문신(신하 가운데 문관) 김돈중이 촛불을 켜는 척하며 왕의 곁을 지키던 정중부의 수염에 불을 붙이는 장난을 쳤어요. 무신인 정중부를 골탕 먹이기 위해서였지요.

김돈중은 묘청의 난(승려 출신 묘청이 고려 수도를 개경에서 서경으로 옮기려고 한 움직임)을 진압하고 『삼국사기』를 쓴 김부식의 아들이에요. 김돈중은 아버지의 힘만 믿고 평소 무신들을 함부로 대했어요. 정중부는 화가 치밀어 올랐지만 김부식의 권력에 참을 수밖에 없었어요. 하지만 이 굴욕을 잊을 수는 없었겠지요.

✦✦ 잔치의 왕 의종, 안하무인 문신 ✦✦

고려 제18대 왕 의종은 나랏일은 잘 돌보지 않고 문신들과 자주 잔치를 벌였어요. 무신들은 이런 잔치가 열릴 때마다 왕을 호위하며 허드렛일을 해야 했지요. 왕과 문신들이 먹고 마시며 놀 때 무신들은 제대로 먹지도 못했다고 해요. 그만큼 무신들은 무시받았어요. 잔치가 자주 열리니 백성들의 고통도 커졌지요. 잔치 비용을 대기 위해 더 많은 세금을 거둬 갔기 때문이에요. 임금이 백성의 고통을 나 몰라라 하니 귀족들의 횡포는 더 심해졌어요. 이런 모습을 보는 무신들의 마음에는 불만이 쌓여만 갔어요.

✦✦ 참고 참아왔던 무신들, 반란을 일으키다 ✦✦

의종은 늦더위를 피해 개경 부근에 있는 보현원으로 소풍을 갔어요. 행차를 하던 도중에 왕은 무사들에게 '오병수박희'라는 시합을 하게 했어요. '오병수박희'는 무기를 사용하지 않고 주로 손으로 상대방을 치고 막아 내는 격투 시합으로, 다섯 명이 한 조가 되어 서로 겨루게 돼요. 나이가 많았던 대장군 이소응은 젊은 무사와 겨루게 되었는데 도중에 기권을 하며 시합에 지고 말았어요. 바로 그때 문신 한뢰가 "대장군이라는 사람의 실력이 이 정도밖에 안 되는 거냐!"라며 이소응의 뺨을 후려쳤어요. 이소응은 뺨을 맞고 넘어지고 말았어요. 그 자리에 있던 문신들은 그 모습을 보고 이소응을 비웃고 조롱했어요. 자신들이 존경하는 대장 이소응이 무시당하는 것을 본 무신들은 그동안 참아 왔던 감정이 폭발하고 말았어요.

이날 밤 무신들은 정중부를 중심으로 보현원에서 반란을 일으켰어요 "문신들을 다 죽여서 씨를 남기지 마라!"라며 칼을 휘둘렀어요. 이때 수많은 문신들이 무신들의 칼날에 죽음을 당했어요. 이 사건을 '무신정변'이라고 해요. 무신들은 의종을 거제도로 유배(죄인을 먼 곳으로 격리 수용함)를 보내고 의종의 동생을 새로운 왕으로 세웠어요.

이렇게 문신들에게 차별 받아 온 무신들이 권력을 잡았어요. '무신 정권'이 들어선 것이지요. 이후 고려는 약 100여 년간 무신 정권에 의해 유지되었어요. 무신들이 정권을 잡은 뒤에도 백성들의 고통스러운 삶에는 변화가 없었어요. 서로 죽고 죽이며 권력 다툼을 벌이는 데 혈안이 되어 있었거든요. 무신 정권의 주축 세력은 계속 바뀌었고 마지막에는 최씨 가문이 고려를 지배하게 되어요. 이때 왕은 무신들의 꼭두각시로 이름뿐인 왕 노릇을 해야만 했어요. 이렇게 나라가 혼란스러운 때에 중국 북쪽의 드넓은 초원에 살던 몽골족이 세계를 흔들기 시작했어요.

고려 장군들의 무술 '수박희' 따라 하기

고려시대 무술 수박희를 따라 해보면서 우리나라 전통 무술을 경험해 보세요. 수박희는 역사가 오래된 전통 무술로, 평소에는 체력을 기르고 심신을 수양하는 데 사용되었지만, 전쟁이 났을 때는 나라를 지키는 힘이 되어 주었어요. 스트레칭을 하듯이 무술 동작을 천천히 따라 하다 보면 수박희의 힘을 느낄 수 있을 거예요.

✦ 놀이 방법 ✦

수박희 동영상을 보며 따라 해보세요.(수박희와 택견은 같은 것이에요.)

수박희
동영상

몽골의 침입에 맞서 싸운
고려의 백성들

　'칭기즈 칸'에 대해 들어 본 적 있나요? 칭기즈 칸은 13세기 몽골족을 통일하고 중국 대륙부터 러시아 남부까지 장악하여 세계에서 가장 큰 제국을 건설한 몽골의 황제예요. 원래 이름은 '테무진'으로, 몽골을 통일한 후부터 '위대한 왕'이라는 뜻의 칭기즈 칸으로 불리게 되었어요. 칭기즈 칸의 지도력으로 힘이 강력해진 몽골족은 중국 대륙의 남송과 금나라 그리고 고려를 호시탐탐 노리기 시작했어요. 그러던 중 1225년 고려에 보낸 몽골 사신이 돌아오는 길에 살해당하는 사건이 일어났어요. 몽골은 이 사건을 트집 잡아 1231년 고려를 침입해 왔어요. 이를 시작으로 몽골은 30여 년 동안 6차례에 걸쳐 고려를 공격했지요.

✦✦ 고려 조정이 나서서 박서 장군의 항복을 받아낸 까닭은? ✦✦

몽골의 살리타가 이끄는 기마 부대(말을 탄 병사 부대)는 무서운 속도로 내려오며 고려의 여러 성들을 함락하고 노략질했어요. 지금의 평안도 지역을 지켰던 서북면 병마사 박서 장군은 귀주성으로 모을 수 있는 병력을 모두 모아 몽골의 공격을 대비했어요. 몽골군은 귀주성을 여러 겹으로 포위하고 밤낮으로 공격을 퍼부었어요. 무려 네 차례에 걸쳐 귀주성을 대대적으로 공격했지만 박서 장군이 이끄는 고려군은 똘똘 뭉쳐 맞섰어요.

끝내 성을 함락하지 못하자 살리타는 귀주성을 포기하고 남쪽으로 내려가 순식간에 개경을 포위했어요. 세계 대제국을 이룬 몽골군에 맞서는 것이 어렵다고 판단한 고려 정부는 몽골군에게 화친을 제안했어요. 제대로 싸우지도 않고 몽골에게 항복을 했던 거예요. 하지만 귀주성의 장군과 백성들은 몽골과의 싸움을 멈추지 않았어요. 끝까지 싸워 몽골군을 물리치려고 했지요. 결국 고려 조정이 나서서 박서 장군의 항복을 받아냈다고 해요. 억지로 항복을 해야 했던 박서 장군은 얼마나 분통이 터졌을까요?

✦✦ 몽골 대장군 살리타를 무찌른 승려 김윤후 ✦✦

무신 정권의 최고 집권자 최우는 몽골이 무리한 요구를 해오며 내정을 간섭하자 몽골과 맞서 싸우기로 결정했어요. 그리고 수많은 반대를 물리치고 수도를 개경에서 강화도로 옮겼어요. 강화도는 섬 지역이라 해전에 약한 몽

살리타를 무찌른 처인성 성터

골군이 접근하기 어려울 뿐만 아니라 조류가 세어 적을 방어하기 유리했거든요. 또 도읍지인 개경과 가깝고 뱃길로 연결되어 고립될 위험이 없었어요.

최우가 도읍을 강화도로 옮긴 다음 해에 몽골의 살리타는 다시 고려로 쳐들어 왔어요. 몽골의 2차 침입이었지요. 임금과 고려군이 도망가고 백성들만 남은 개경은 몽골군에 의해 도륙(사람이나 가축을 함부로 참혹하게 죽임)당했어요. 살리타는 그 기세를 몰아 강화도를 공격하였지만 여의치 않자 항복을 요구했어요. 그러나 고려 정부가 강화도에 꽁꽁 숨어 응하지 않았고, 이에 살리타는 남쪽으로 내려가며 백성들을 죽이고 약탈했어요.

하지만 살리타의 기세는 용인에 있는 처인성에서 꺾이고 말았어요. 처인성의 백성들은 몽골군에 맞서 필사적으로 싸웠어요. 마침내 승려 김윤후가 쏜 화살에 몽골군을 이끌던 대장 살리타가 맞았어요. 대장이 죽자 몽골군은 더 이상 남쪽으로 내려가지 못하고 혼비백산하여 도망쳤어요. 몽골의 침입을 백성들이 막아 냈던 거예요. 김윤후는 살리타를 죽인 공로로 상장군에 임명되었는데 끝내 다른 사람의 공으로 돌리며 받지 않았다고 해요.

✦✦ 몽골에 끝까지 맞서 싸운 특수부대 삼별초 ✦✦

　계속되는 몽골의 침입으로 고려의 백성들은 고통 속에서 살아야 했어요. 수많은 백성들이 죽거나 다치고 몽골로 끌려갔어요. 그런 와중에도 최씨 무신 정권은 강화도에서 사치스런 생활을 이어 갔어요. 결국 무신 정권의 최고 집권자 최의가 살해당하면서 고려 태자 원종은 몽골과 화친을 맺었어요. 이로써 기나긴 몽골과의 전쟁이 끝나게 되었지요. 화친의 조건은 태자(훗날 원종)를 몽골에 보내고 수도를 강화도에서 다시 개경으로 옮겨야 한다는 것이었어요. 하지만 무신 정권의 특수 부대였던 삼별초는 환도(다시 옛 수도로 돌아감)를 거부했어요.

　"개경으로 수도를 옮기는 것은 오랑캐에게 항복하는 것입니다. 절대 그렇

삼별초

게 할 수 없습니다. 몽골과 끝까지 싸워야 합니다!"

하지만 원종은 삼별초에 해산 명령을 내렸어요. 삼별초의 지도자 배중손은 강화도에서 대몽 항쟁을 계속했어요. 삼별초 진압을 위해 고려와 몽골 연합군은 강화도로 향했어요. 배중손은 전라남도 진도로 근거지를 옮겨야 했지요. 배중손을 따르는 사람들이 얼마나 많았던지 진도로 떠나는 배가 1000척이나 되었다고 해요.

진도에서 싸우던 삼별초는 다시 제주도로 근거지를 옮겼어요. 하지만 삼별초는 고려와 몽골 연합군의 공격을 받아 무너지고 말아요. 삼별초의 저항을 끝으로 고려는 원나라(몽골이 세운 나라)의 간섭에 들어가게 되었어요.

삼별초는 원래 야별초라는 무신 최씨 집안의 사병이었어요. 야별초는 도둑을 잡거나 백성들의 난을 평정하기 위해 만들어진 부대였어요. 몽골과 싸우기 위해 스스로 입대하는 사람들이 많이 생기면서 삼별초가 되었어요. 몽골과의 싸움에서 끝까지 물러서지 않고 싸운 삼별초는 우리 민족의 자주성을 보여 주어요.

숨은 영웅 김윤후 장군의 역사 신문 만들기

고려 승려 김윤후는 강감찬 장군만큼이나 몽골과의 전투에서 큰 활약을 했어요. 그러나 우리에게는 매우 생소한 이름이지요. 몽골과의 전쟁이 끝났어도 여전히 원나라의 지배를 받아야 했기 때문에 몽골 항쟁에서 이름을 남긴 분을 기릴 수가 없었거든요. 그리고 고려를 물려받은 조선은 불교를 억제하는 정책을 폈기 때문에 승려였던 김윤후 장군의 공을 높게 평가받기 어려웠어요. 지금이라도 김윤후 장군을 소개하는 역사 신문을 만들어 업적을 기리도록 해요.

✦ 준비물

종이, 사인펜, 풀, 가위

✦ 참고 자료 ✦

김윤후 장군의 활약상을 조사하여 적어 보세요. 김윤후 장군 초상화(왼쪽)와 처인성 전투 그림(오른쪽)을 오려서 사용해도 좋아요.

상징 마크	신문 타이틀 ○○○의 역사 신문	제○호 펴낸 날짜: 펴낸 사람:

기사 제목

- 기사 제목은 두껍고 크게 써요.
- 기사 제목은 관심과 흥미를 일으키는 문장이 좋아요.
- 역사 사실에서 가장 중요한 내용을 제목으로 뽑아요.

관련 사진이나 그림

관련 사진이나 그림의 위치는
원하는 곳에 붙여요.

기사 내용 및 사진 설명

역사 놀이 코너

- 삼행시 짓기 · 역사 퀴즈 풀기 · 역사 만화 그리기 등

광고 및 안내

- 대몽 항쟁과 관련된 문구를 넣어 보세요!
  예) 한마음으로 똘똘 뭉쳐 몽골군을 몰아내자!

원의 간섭에서 벗어나려 한 공민왕의 개혁 정치

몽골과의 전쟁 이후 고려는 몽골이 세운 나라인 원나라의 간섭과 지배를 받아야 했어요. 고려의 왕자들은 어렸을 때부터 원나라에 불려가 교육을 받으며 자라야 했지요. 원나라의 풍습에 익숙해지면 왕자들이 원나라에 등을 돌릴 일은 없을 거라 생각했기 때문이에요. 또 고려 왕자와 원나라 공주의 결혼을 강요했어요. 고려의 왕자들은 앞머리를 밀고 뒷머리를 길러 땋아 내리는 몽골식 머리 모양을 해야 했고 몽골 의상을 입어야 했지요.

원종의 뒤를 이은 충렬왕, 충선왕, 충숙왕 등의 이름에는 공통적으로 '충성할 충(忠)'자가 들어가 있어요. 원나라에 충성을 다한다는 의미로 치욕스러운 이름이지요. 원나라의 지배와 간섭은 공민왕이 원나라의 간섭에서 벗어나기 위해 개혁을 단행할 때까지 70여 년간이나 지속되었어요.

쌈 　　　　　 변발 　　　　　 족두리

변발, 족두리, 쌈 등은 몽골 풍습에 영향을 받은 것이에요.

공민왕도 다른 왕자들과 마찬가지로 어려서부터 원나라에서 자랐어요. 그리고 원나라 노국 공주와 결혼하고 왕이 되어 고려로 돌아왔어요. 공민왕은 원나라의 사정을 누구보다 잘 알고 있었어요. 원나라가 전과 달리 힘이 많이 약해졌다는 것을 알고 고려의 자주성을 회복하기 위한 개혁을 서둘렀어요. 노국 공주는 원나라 출신인데도 공민왕의 개혁 정치를 지지하고 힘을 실어 주었어요.

공민왕은 몽골의 풍습을 없애기 위해 자신부터 머리 모양과 복장을 고려식으로 바꿨어요. 그리고 백성들에게 원나라식 머리 모양과 옷을 금지시키고 고려 풍습을 따르도록 했어요. 귀족들이 불법적으로 농민들에게 빼앗은 땅을 돌려주게 했으며 강제로 노비가 된 사람들을 해방시켜 주었어요. 이렇게 차근차근 개혁을 해 나가던 공민왕에게 갑자기 시련이 닥쳤어요. 사랑하는 노국 공주가 아기를 낳다가 죽고 말았던 거예요. 공민왕은 날마다 노국 공주의 초상화를 바라보며 통곡했어요. 노국 공주를 잃은 슬픔에서 헤어 나오지 못한 공민왕은 정사를 예전처럼 돌볼 수가 없었어요. 게다가 원나라의 간섭을 받는 동안 세력을 키운 귀족들의 반발도 엄청났어요.

　비록 공민왕의 개혁 정치는 실패로 끝났지만 원나라의 간섭으로부터 자주성을 회복하기 위해 노력했던 개혁 정신은 우리에게 전해 오고 있지요.

몽골의 침입을 막아라! 셀프 스피드 퀴즈

본문에 실려 있는 내용을 바탕으로 역사 키워드를 뽑은 뒤 셀프 스피드 퀴즈를 내보세요. 설정한 제한 시간 안에 역사 키워드에 대해 설명할 수 있어야 몽골의 침입을 막을 수 있어요. 이 놀이를 통해 몽골 침입에 대한 역사 지식을 내 것으로 만들어 보세요.

✦ 놀이 방법 ✦

① 몽골의 침입과 관련한 역사 키워드를 뽑아요.

　(예: 칭기즈 칸, 원나라, 김윤후, 살리타, 처인성, 삼별초, 귀주성, 강화도, 최우, 공민왕 등)

② 역사 키워드를 종이에 옮겨 적고 카드를 만들어요.

③ 단어가 안 보이게 뒤집은 다음 타이머를 켜고 단어를 설명하기 시작해요.

　(제한 시간은 한 단어 '당 30초 × 문제 수')

④ 실패했으면 성공할 때까지 도전해 보세요. 혼자 해도 되지만 친구, 부모님과도 해보세요.

세계가 놀라는 고려 문화재!
고려청자

✦✦ 고양이 밥그릇으로 사용되던 고려청자 ✦✦

1930년 인사동에서 골동품 가게를 하던 박씨는 그날도 골동품을 사기 위해 장호원 쪽을 돌아보고 있었어요. 날이 저물어 주막에서 밥을 먹고 있을 때였어요. 그는 마루 밑에서 밥을 먹고 있던 고양이 밥그릇을 보고 깜짝 놀랐어요. 비취색이 은은하게 감도는 청자 대접이었던 거예요. 박씨는 주인을 불렀어요.

"저 고양이 참 예쁘게도 생겼네요! 나한테 저 고양이를 팔지 않겠소?"

"고양이를 어떻게 돈을 받고 팔겠어요. 그냥 드리지요."

박씨는 그럴 수는 없다며 3원을 내밀며 말했어요.

고양이 밥그릇으로 쓰던 청자

"고양이는 자기가 먹던 밥그릇에 밥을 주는 것을 좋아한다니 저 밥그릇도 주시면 안 되겠습니까?"

마음씨 좋은 주인은 단숨에 허락하며 고양이 밥그릇을 박씨에게 내주었어요. 박씨는 그 다음 날 고양이 밥그릇으로 사용하던 청자 대접을 일본인에게 155원을 받고 팔았다고 해요.

『우리 문화재 속 숨은 이야기』(고제희 지음, 문예마당)에 나온 이야기예요. 고려시대 지배층들에게 청자는 큰 인기가 있었어요. 밥그릇, 주전자, 꽃병 등 집에서 일상적으로 청자를 썼지요. 을사늑약이 체결되고 초대 통감으로 왔던 이토 히로부미는 고미술품 애호가였어요. 조선 사람들이 흔하게 쓰고 있던 고려청자의 가치를 단번에 알아챘지요. 고려청자는 일본의 고위층들 사이에 최고의 선물로 여겨졌어요. 그래서 일제 강점기에 수많은 고려청자가 일본으로 넘어갔어요.

✦✦ 기와집 열 채 값으로 일본인에게 사들인 우리나라 문화재 ✦✦

일본인들이 사들인 고려청자를 개인 재산으로 사들여 문화재가 일본으로 넘어가는 것을 막은 사람이 있어요. 바로 간송 전형필이에요. 청자상감운학문매병(국보 제168호)은 마에다라는 일본인이 가지고 있었다고 해요. 마에다는 4000원에 산 청자매병을 2만 원이라는 터무니없는 가격으로 팔려고 했어요. 그 당시 2만 원이면 기와집 열 채 값이었거든요. 전형필은 시골에 있는 조상으로부터 물려받은 땅을 팔아서 매병을 샀어요.

청자상감운학문매병

그런데 얼마 후 다른 일본인이 이 매병을 사고 싶어 전형필을 찾아왔어요. 일본인은 얼마를 부르던 사겠다고 애원했지만 전형필은 "이 매병보다 더 좋은 물건을 가져다 주시고 이 매병은 2만 원에 가져가십시오."라고 했어요. 이 말을 들은 일본인은 포기할 수밖에 없었지요. 우리의 문화재를 지키기 위한 전형필의 노력으로 청자상감운학문매병을 지킬 수 있었어요.

✦✧ 고려청자 기술이 사라져 버리다 ✦✧

고려청자는 중국의 영향을 받아 제작됐어요. 청자는 만드는 방법이 까다로워 10세기경 세계에서 청자를 만들 수 있는 나라는 고려와 송나라뿐이었어요. 송나라는 "고려의 비색(청자)은 천하제일"이라며 고려의 청자가 송나라의 청자보다 뛰어나다고 평했지요.

이렇게 훌륭한 고려청자의 기술이 사라져 버려 전해지지 않고 있다는 사실을 알고 있나요? 고려시대 청자는 주로 귀족들이 사용했어요. 하지만 고려청자를 만들었던 도공들은 제대로 대접받지 못하고 오히려 무시당하며 살아야 했어요. 그러다 보니 도공들은 자신의 기술을 자식에게 물려주려 하지 않았어요. 더욱이 우리나라를 침략했던 몽골이 고려청자를 마음대로 가져가고 도공들까지 끌고 가버리는 바람에 고려청자 기술은 후세에 전해지지 못했어요.

고려청자에서 볼 수 있는 뛰어난 기술 중 하나를 '상감'이라고 하는데요. 상감 기법이란 그릇의 표면을 파낸 다음 그 자리에 다른 재료를 메워서 무늬를 나타내는 독창적인 기법이에요. 청자 매병의 흰 구름과 학 무늬가 보이나요? 바로 상감 기법에 의해 표현된 무늬랍니다. 고려 도공들은 고려청자에 구름, 학, 들국화 등의 무늬를 새겨 넣었어요.

푸른빛의 아름답고 단단한 청자를 만들기 위해서는 여러 가지 조건들이 갖추어져야 했어요. 흙을 빚어 청자로 만들려면 1300도까지 불을 지필 수 있는 가마가 필요해요. 가마는 가마의 경사와 넓이, 높이뿐만 아니라 굴뚝의 위치, 공기 구멍 등 만드는 조건이 까다로워 기술자만이 만들 수 있었어요. 가마에 불을 지필 때도 불을 다루는 기술이 필요했지요. 1300도까지 불을 올리고 그것을 며칠 동안 유지할 수 있어야 아름다운 색의 청자가 만들어졌어요. 고려 도공들의 기술이 정말 뛰어났다는 것을 알 수 있지요.

어디에 쓰는 고려청자인가? 추리 놀이

박물관 등에서 고려청자를 보다 보면, 그 아름다움에도 감탄하게 되지만 생각지도 못한 사용처에 놀라게 되지요. 다양한 고려청자를 보면서 어디에 쓰는 물건인지 추리해 보는 놀이를 해보세요. 조금 낯설었던 고려청자가 가깝게 느껴질 거예요.

청자상감국화무늬 침 뱉는 그릇	청자배모양 변기	청자상감모란줄기무늬 기름병	청자상감모란구름학무늬 베개
침 뱉는 그릇	**임금님이 사용하던 변기**	**기름병**	**귀족들이 베던 베개**
청자투각고리문 의자	청자구룡형뚜껑 향로	청자조각동녀형 연적	청자상감모란당초문표형 주자
의자	**향로**(향을 피우던 그릇)	**연적**(벼루에 먹을 갈 때 물을 담아 두는 그릇)	**주전자**

불심으로 몽골의 침입을 물리치고자 만든 '팔만대장경'

✦✦ 팔만대장경으로 나라를 구하자 ✦✦

고려 초에 거란군이 두 번째로 침입해 왔을 때 현종은 호위 무사 70명만 데리고 전라남도 나주까지 피난을 갔었어요. 이때부터 불심으로 거란을 물리치고자 약 80년에 걸쳐 고려 최초의 대장경인 '초조대장경'을 만들었어요. 대장경은 불교 경전의 총서를 뜻해요. 초조대장경을 만들기 시작하고 얼마 되지 않아 거란군이 물러갔어요. 그런데 이 초조대장경이 몽골군의 2차 침입 때 불타서 사라지고 말았어요. 그래서 초조대장경을 다시 만든 것이 팔만대장경이에요. 대장경을 만들며 민심을 모으고 몽골군을 물리치려고 했지요. 고려 고종 때 무려 16년 동안 만들어진 대장경은 8만 1352장의 목판으로 한 장의 평균 무게가 3.5kg이 넘는다고 해요.

팔만대장경은 국보 제32호이며 2007년에 유네스코 세계기록유산으로 등재되었어요. 팔만대장경은 가장 오래된 대장경으로, 오랜 제작 과정에도 불구하고 한 사람이 새긴 듯 서체가 통일되어 있으며 한 글자도 오탈자가 없다고 해요. 보존 상태 또한 완벽해서 목판임에도 불구하고 뒤틀리거나 해충에 의한 훼손이 없어 세계기록유산으로 인정받을 수 있었어요. 팔만대장경을 통해 우리 민족의 목판 제조술, 조각술, 인쇄술이 얼마나 뛰어났는지를 알 수 있지요.

✦✦ 팔만대장경을 해인사로 어떻게 옮겼을까? ✦✦

팔만대장경은 원래 강화도의 선원사에 보관되어 있었어요. 그러다 조선 시대 태조 때 한양의 지천사로 옮겼다가 9개월 후 해인사의 장경판전으로 옮겨졌어요. 판 하나의 무게가 3.5kg 정도이니 8만 1352장의 무게면 무려 285여 톤이 되지요. 5톤 트럭 57대가 필요한 어마어마한 무게였어요. 한양에서 천리 떨어진 합천까지 어떻게 팔만대장경을 옮길 수 있었을까요? 이에 대한 역사적 자료가 없어서 정확하게 알 수는 없지만 수많은 사람들

장경판전에 보관된 팔만대장경

이 한마음이 되어 옮겼다는 것만은 분명해요. 옮기는 과정에서 사람의 손을 많이 거쳐야 했음에도 팔만대장경에는 흠집 하나 없어요. 당시에 얼마나 정성을 다해 팔만대장경을 옮겼는지 알 수 있어요.

✦✦ 폭격으로 사라질 뻔했던 팔만대장경을 지킨 영웅 ✦✦

6.25 한국 전쟁이 한창일 때 북한의 인민군들이 해인사를 점령했어요. 공군대령 김영환은 미군으로부터 해인사를 폭격하라는 명령을 받았는데 해인사의 팔만대장경과 장경판전이라는 문화유산을 파괴하면 안 된다는 생각에 인근의 다른 지점을 폭격했다고 해요. 해인사와 문화유산을 지킨 영웅 김영환의 비석은 해인사 입구에서 만날 수 있어요.

팔만대장경 목판 인쇄 놀이

팔만대장경을 어떻게 만들었을까요? 목판을 대신하여 지우개를 이용해 경험해 볼 수 있어요. 이름처럼 쉽고 간단한 글자를 지우개에 새기고 스탬프로 찍어 보세요. 이를 통해 목판 인쇄 원리를 체험해 볼 수 있어요.

✦ 준비물 ✦

지우개, 커터칼(또는 조각칼), 종이, 물감, 붓, 접시, 패브릭 물감, 스탬프

✦ 유의 사항 ✦

① 칼은 아이 혼자 사용하면 위험하므로 반드시 보호자가 함께 해주세요.

② 저학년은 별이나 하트 모양 등 모양 위주로 만들고 고학년은 글자를 새기면 좋아요.

③ 심화 학습으로 목판 인쇄와 금속 활자의 차이점을 탐구해 보세요.

(예: 목판은 '사랑해'와 같이 하나의 판형으로 여러 장 찍을 수 있으나 다양한 문장을 표현하기 어렵다. 금속 활자는 낱글자를 하나씩 조합하여 만들기 때문에 판형을 조합하여 다양한 문장을 나타낼 수 있다 등)

새기고 싶은 글자를 써보세요.

✦ **만드는 방법** ✦

1. 지우개를 따라 그려요.

2. 새기고 싶은 글자를 써요.

3. 물감이 마르지 않도록 따라 그려요.

4. 지우개에 찍어 내요.

5. 칼이나 조각칼로 글자 주변을 파내요.

6. 스탬프 잉크를 묻혀 찍거나 패브릭 물감을 묻혀 소지품에 찍어 보세요.

1388년	이성계의 위화도 회군
1392년	태조 이성계가 즉위
1393년	한양으로 도읍을 옮김
1418년	세종 즉위
1443년	세종대왕 훈민정음 창제
1592년	임진왜란 발발
1593년	권율의 행주대첩
1598년	노량해전, 이순신 전사
1623년	인조반정
1627년	정묘호란 발발
1636년	병자호란 발발
1637년	인조의 삼전도 굴욕

<4장>

피바람을 일으키며 등장한 새로운 왕조

· 조선시대 전기 ·

고려가 역사 속으로 사라졌어요

✦✦ 내 무덤에 풀이 나는가 보아라 ✦✦

요동을 정벌하러 압록강을 향했던 이성계가 왕의 명령을 어기고 위화도에서 개경으로 돌아온다는 소식이 전해졌어요. 공민왕의 뒤를 이은 우왕과 최영 장군은 반란을 막아 보려고 개경의 군사들을 총동원했어요. 하지만 요동을 정벌하러 간 이성계의 군대 7만 명을 막아 내기에는 역부족이었어요. 손쉽게 개경을 손에 넣은 이성계는 최고의 권력자로 떠올랐어요. 이성계가 맨 먼저 한 일은 우왕을 끌어 내리고 우왕의 아들을 왕으로 세운 일이었어요.

우왕의 곁을 끝까지 지켰던 최영 장군은 왜구와 홍건적(한족의 농민 반란군)을 물리친 명장이자 성품이 강직하고 곧아서 백성들에게 존경받는 인물이었어요. 그는 "황금을 보기를 돌같이 하라."라는 아버지의 유훈을 좌우명으

로 삼아 늘 청렴결백하게 살
았어요. 이성계는 우왕을 강
화도에 유배하고 최영 장군
을 고봉현으로 유배 보냈다
가 개경으로 다시 압송해 왔
어요.

최영 장군 묘

　이성계는 최영 장군에게
직접 심문했어요.

　"요동 정벌을 무리하게 추진하여 백성들을 괴롭게 하였으며 자신의 권력
을 이용해 저지른 죄들을 알고 있느냐?"

　그러자 최영 장군은 이렇게 말했어요.

　"나는 살아생전에 내 권력을 이용해서 욕심을 채운 적이 없다. 내가 욕심
을 부리지도 죄를 짓지도 않았다면 내 무덤에 풀이 나지 않을 것이다!"

　최영 장군은 결국 이성계에 의해 처형되고 말았어요. 실제로 그의 무덤에
는 오랫동안 풀이 나지 않았다고 해요. 최영 장군이 지키고자 했던 우왕과
그의 아들 창왕도 이성계가 내린 사약을 마시고 목숨을 잃었어요. 공양왕이
왕위에 올랐지만 허수아비에 불과했고 이제 세상은 이성계를 중심으로 돌
아가게 되었어요.

✦✦ 이성계가 위화도에서 군사를 돌린 까닭은? ✦✦

고려 말 우왕 때는 왜가 280여 회나 침입하며 기승을 부렸어요. 수도인 개경까지 쳐들어왔을 정도였는데요. 이때 왜구를 크게 무찌르며 등장한 장군이 바로 이성계였어요.

우왕 14년에 명나라는 고려에게 철령 이북의 땅을 내놓으라는 무리한 요구를 해왔어요. 최영 장군은 그런 요구는 들어줄 수 없다며 요동을 먼저 정벌하고자 했어요. 이성계가 반대했지만 우왕은 최영의 손을 들어주었지요. 우왕의 명을 받은 이성계는 군대를 이끌고 요동으로 향했어요. 그러나 요동 정벌 명령에도 불구하고 이성계는 위화도에서 14일을 머물며 요동을 공격하지 않았어요. 이성계는 요동 정벌을 반대하고 우왕에게 군대를 돌릴 것을 요청했으나 받아들여지지 않았어요. 결국 이성계는 위화도에서 수도인 개경으로 군대를 돌렸어요. 이것을 '위화도 회군'이라고 해요.

✦✦ 이 몸이 죽고 죽어 일백 번 고쳐 죽어 ✦✦

이성계는 최영 장군과 우왕, 창왕을 죽이고도 왕의 자리에 오를 수가 없었어요. 고려 왕조를 지키려는 온건 개혁파의 반대가 심했거든요. 더구나 공양왕(고려 최후의 왕)을 끌어내리고 왕위에 오르자니 백성들의 마음을 살피지 않을 수가 없었지요. 온건 개혁파의 선두에는 정몽주가 있었어요. 정몽주는 원래 이성계와 뜻을 같이하는 사람이었으나 고려 왕조를 꼭 지켜야 한

178

다는 신념 때문에 이성계와 등을 지게 되었어요.

이성계의 다섯 번째 아들 이방원은 그런 정몽주가 못마땅했어요. 이씨 왕조를 세우기 위해서는 정몽주의 마음을 돌리거나 그렇지 못할 때는 죽여야 한다고 생각했어요. 정몽주가 이성계의 병문안을 왔다가 돌아가는 길이었어요. 이방원은 시를 한 수 지어 정몽주의 마음을 떠보았어요.

이런들 어떠하며 저런들 어떠하리
만수산 드렁칡이 얽혀진들 어떠하리
우리도 이같이 얽혀 백 년까지 누리리라.

이방원이 지은 이 시를 〈하여가〉라고 해요. 〈하여가〉에 담긴 이방원의 마음을 읽어 볼까요? '고려 왕조에 너무 연연해하지 말고 이씨 왕조를 세워 좋은 나라에서 잘 살아 보자'는 이방원의 속마음이 읽히나요? 이 시를 들은 정몽주 역시 자신의 마음을 시로 답했어요.

이 몸이 죽고 죽어 일백 번 고쳐 죽어
백골이 진토되어 넋이라도 있고 없고
임 향한 일편단심이야 가실 줄이 있으랴.

정몽주는 이 〈단심가〉를 통해 자신의 결연한 마음을 표현했어요. 어떠한 일이 있더라도 자신은 고려 왕조를 배신하지 않겠다는 마음이었지요. 그의 마음이 확고하다는 것을 확인한 이방원은 선지교에서 정몽주를 암살해요.

선죽교

정몽주가 죽으면서 피를 흘린 자리에서 붉은 대나무가 자라 후에 다리 이름을 선죽교라고 고쳐 불렀다고 해요. 정몽주의 충절이 백성들의 마음에 길이 남았음을 알 수 있어요.

〈하여가〉, 〈단심가〉 카드 맞추기 놀이

고려 왕조 팀(최영, 정몽주)과 새 왕조 팀(이성계, 이방원)으로 나누어 놀이를 해보아요. 놀이를 하면서 내가 그 당시 살았다면 어떤 선택을 했을지도 함께 생각해 보세요. 이 놀이를 통해 당시 상황과 인물들의 선택에 대해 더 깊이 이해할 수 있을 거예요.

✦ 놀이 방법 ✦

1. 다음 낱말 카드를 참조하여 〈하여가〉, 〈단심가〉 카드를 만들고 바닥에 흩어놓아요.
2. 낱말 카드를 모아 고려 왕조 팀은 〈단심가〉를, 새 왕조 팀은 〈하여가〉를 완성하세요.
3. 더 빨리 시를 완성하는 팀이 이기는 놀이예요.

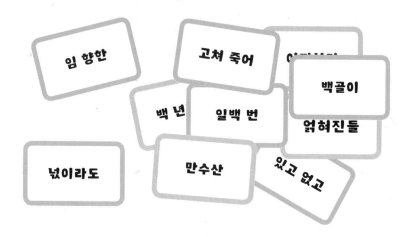

〈하여가〉

이런들	어떠하리	저런들	어떠하리
만수산	드렁칡이	얽혀진들	어떠하리
우리도	이같이 얽혀	백 년까지	누리리라

〈단심가〉

이 몸이	죽고 죽어	일백 번	고쳐 죽어
백골이	진토되어	넋이라도	있고 없고
임 향한	일편단심이야	가실 줄이	있으랴

✦✦ 한양이 조선의 도읍지가 되다 ✦✦

고려의 마지막 왕 공양왕은 폐위된 후 비참한 최후를 맞았어요. 공양왕
이 왕위에서 내려온 지 5일 만에 이성계는 왕위에 올랐지요. 나라 이름은 한
동안 고려라고 했어요. 500여 년이나 이어오던 고려를 무너뜨리고 새 왕조
를 세운 이성계의 역성 혁명(나라의 왕조를 바꾸는 혁명)을 달가워하지 않는 사
람들을 의식했던 거예요. 하지만 이성계의 마음은 하루 빨리 개경을 벗어나
새로운 곳에서 나랏일을 시작하고 싶었어요. 개경은 백성들이 존경하는 최
영 장군과 정몽주의 한이 서린 곳인 데다 개경의 두문동은 수많은 선비들이
불에 타 죽어가면서도 이씨 왕조를 받아들이지 않은 곳이었기 때문이지요.

이성계는 무학대사에게 새로운 도읍지를 찾으라는 중대한 임무를 맡겼

어요. 무학대사는 이성계가 새로운 왕이 될 것이라고 예언하며 역성 혁명을 도운 스님이었어요.

"대사! 나는 도읍을 옮기고 싶소. 개경의 운수는 다 했다느니 도읍지를 옮기지 않으면 나라에 좋지 않은 일이 생긴다느니 하는 흉흉한 소문도 돌고 있소."

무학대사는 여러 곳을 찾아다닌 끝에 충청도 공주의 계룡산을 도읍지로 정했어요. 그런데 이성계의 꿈에 신령이 나타나서 계룡산은 도읍지로 맞지 않으니 다른 곳으로 정하라는 거예요. 결국 무학대사는 지금의 서울인 한강의 북쪽으로 도읍지를 정하고 궁궐을 지으려고 했어요. 그때 한 노인이 소를 끌고 가면서 "이 놈의 소가 미련하기가 꼭 무학이 같구나!"라고 하는 거예요. 무학대사는 노인을 불러 세우고 자신을 욕하는 이유를 물었어요. 노인은 "이곳은 궁궐터로 맞지 않으니 이곳에서부터 10리를 더 간 곳에 궁궐을 지어라!" 하고 사라졌어요.

무학대사는 노인이 일러 준 대로 10리를 더 간 곳에 경복궁을 지었어요. 그리고 무학대사가 노인을 만났던 곳을 '왕십리(往十里)'라고 불렀어요. 왕십리는 10리를 더 가라고 알려 주었던 곳이라는 뜻이에요.

✦✦ 계획도시 한양에 담긴 조선의 꿈 ✦✦

한양은 한강을 중심으로 비옥한 평야가 펼쳐져 있고 교통이 편리하여 살기 좋은 곳이었어요. 또한 높은 산들이 둘러싸고 있어 외적의 침입을 방어하기에도 적합했어요. 한양을 새 도읍지로 정한 이성계는 도시 계획을 하기 시작했어요.

'유교'에서는 사람이 갖추어야 할 다섯 가지 도리로서, 어질 인(仁), 옳을 의(義), 예절 예(禮), 지혜로울 지(智), 믿을 신(信)을 강조해요. 이성계와 함께 한양을 설계한 정도전은 한양 도성 사대문에 인, 의, 예, 지가 담긴 이름을 지었어요. 동대문은 흥인지문, 서대문은 돈의문, 남대문은 숭례문으로 짓고, 북대문은 '지'를 넣지 않고 숙청문이라 했어요. 이후 북쪽은 지형이 험하고 늘 닫혀 있어 '엄숙하게 다스린다'는 의미를 담아 숙정문으로 이름이 바뀌었어요.

인, 의, 예, 지, 신의 마지막 신은 보신각으로, 한양 중앙에 세운 시각을 알리는 종각에 붙였어요. 건물들의 이름에서 알 수 있듯이 한양은 유교의 이념을 실현하고자 했던 바람을 담은 도시였답니다.

이성계는 유교를 정치 이념으로 삼았어요. 유교는 중국의 '공자'가 퍼트린 가르침이에요. 유교는 통치자인 왕과 다스림을 받는 백성이 어떻게 살아가야 하는지에 대한 가르침을 담고 있어요. 통치자는 백성이 나라의 근본이라는 생각을 가지고 덕으로써 백성들을 다스려야 하며, 백성은 나라에 충성하고 부모에게 효도해야 한다고 강조하지요. 유교는 통치자가 모범을 보이고 백성들을 위한 정치를 하면 백성들도 나라에 충성하고 나라가 평안해질 것이라고 보았어요. 유교 사상을 통치자와 백성들이 한마음으로 실현해 나가는 나라, 바로 이성계가 꿈꾸던 조선의 모습이었지요. 한양은 이후 이름이 한성으로 바뀌어 조선의 역사 내내 수도로서 역할했어요.

'한성도'에서 사대문 찾기 놀이

다음은 한성도예요. 한양은 동서남북이 산으로 둘러싸여 방어하기에 최적의 도시였음을 알 수 있어요. 정도전은 유교에서 강조하는 덕목인 인의예지신을 따서 사대문의 이름을 지었는데요. 이름에 어떤 덕목이 숨어 있는지 찾아보면서 경복궁, 종묘, 보신각과 사대문의 위치를 찾아 확인해 보세요.

경복궁

종묘

보신각

숙정문

돈의문

숭례문

흥인지문

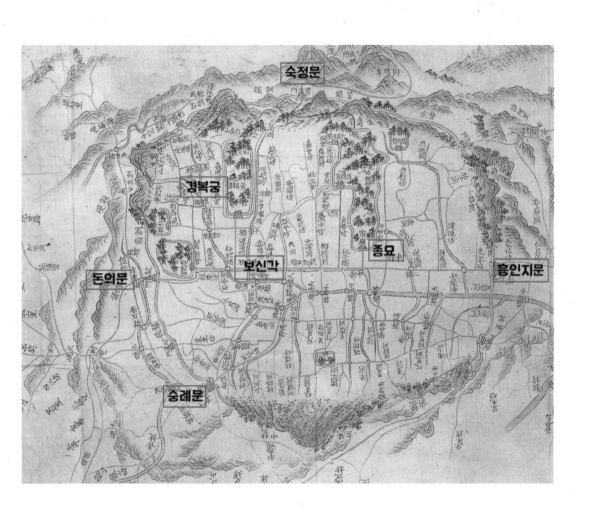

조선시대에도 학교와 시험이 있었을까요?

아침밥을 먹고 있는데 밖에서 먹쇠가 우렁차게 갑돌이를 불렀어요. 그러자 갑돌이 아버지는 마땅찮은 표정으로 말해요.

"오늘 갑돌이는 아버지 따라 논에 일하러 가야 한다! 공부는 해서 어디에 소용이 있다고 하느냐? 밥이 나오니? 쌀이 나오니?"

갑돌이는 서당을 가면 일을 하지 않아도 되니 먹쇠가 혼자 가버릴까 봐 엉덩이가 들썩였어요.

"아버지! 공부를 해야 사람답게 산대요! 빨리 갔다 와서 일 많이 할게요!"

갑돌이는 밥도 먹다 말고 아버지가 또 말릴까 봐 얼른 자리를 박차고 나갔어요.

서당에는 벌써 훈장님을 따라 글 읽는 소리가 들려왔어요.

"하늘 천, 따 지, 검을 현, 누를 황!"

지난번에는 갑돌이가 딴짓을 하다가 훈장님한테 들켜서 회초리를 맞았어요. '오늘은 정신 차리고 외워서 시험을 통과해야지!' 갑돌이는 오늘『천자문』시험을 쳐요. 『천자문』시험을 통과하고 나면『동몽선습』을 배운다고 해요. 갑돌이보다 세 살이나 많은 먹쇠는 아직도『천자문』을 익히고 있어요. 갑돌이는 양반이 아니라서 공부를 해도 벼슬길에 나가기 어렵다는 것을 잘 알고 있어요. 훈장님은 공부를 하는 이유는 꼭 벼슬길에 오르기 위한 것이 아니라 사람됨을 배우기 위해서라고 말씀하셨어요. 어머니는 돈이 없어서 수업료로 보리쌀 한 되를 훈장님께 드렸다고 해요. 갑돌이는 자신이 직접 산에 가서 땔감을 모아 이번 달 수업료로 훈장님께 드려야겠다고 생각했어요.

조선시대 7~16세의 아이들은 주로 서당에서 공부를 했어요. 서당은 남자아이들만 다녔고, 천민의 자녀들은 다닐 수가 없었어요. 서당은 오늘날의 초등학교라고 생각하면 돼요. 국가에서 세운 것이 아니라 지방의 유학자가 동네 아이들을 모아서 가르쳤어요. 서당에서 공부를 끝낸 아이들은 오늘날의 중·고등학교에 해당하는 지방의 향교, 중앙의 4부 학당에 입학했어요. 16세 이상이 되어야 입학할 수 있었고 양반이 아닌 양인(조선시대에 천민이 아닌 사람)도 입학해서 공부할 수 있었어요. 하지만 실제로 양인이 입학하는 경우는 거의 없었어요. 농사일이 바빠 갈 수 없었지요. 교육 기관에 다니는 학생들은 군역(군대에 가야 하는 의무)이 면제되었고 시험에 합격하면 벼슬길에 나갈 수도 있었어요.

과거 시험에 합격한 양반의 자제들은 한양에 있는 성균관이라는 조선시대 최초의 대학교에 다닐 수 있었어요. 성균관은 조선을 이끌어 갈 인재를 양성했어요. 성균관을 나오면 출세가 보장되었기 때문에 양반이라면 누구나 성균관에 들어가길 고대했지요.

✦✦ 과거 시험에서 9번이나 장원 급제한 사람은? ✦✦

과거 시험을 통과하는 것을 급제라고 하는데 그중에도 1등을 하는 것을 장원 급제라고 말해요. 과거 시험에는 보통 수만 명이 응시했는데 그중에서 최종적으로 합격하는 사람은 33명에 불과했어요. 과거에 급제를 하면 '홍패'라고 하는 증명서를 주었어요. 오늘날의 합격통지서라고 할 수 있지요. 그리고 급제자들은 길게 늘어뜨린 나뭇가지에 꽃이 달린 '어사화'를 받았어요. 이것을 모자에 꽂고 거리를 돌며 퍼레이드를 하거나 고향으로 돌아가 부모님을 뵈었지요. 급제자들이 고향으로 돌아가면 관에서 잔치를 열어 주었다고 하니 정말 뿌듯하고 자랑스러웠겠지요.

어사화

이렇듯 1번도 어려운 장원 급제를 9번이나 한 사람이 있어요. 바로 율곡 이이로, 어렸을 때부터 너무나 총명하여 13세에 진사 시험에 합격한 이후로 29세까지 총 9번 장원 급제를 했어요.

190

장원 급제 어사화 만들기

어사화는 과거 시험에 급제한 사람에게 임금이 하사하던 종이꽃이에요. 과거에 급제한 사람은 3일 동안 여러 친척들을 찾아 인사를 하였는데 이때 풍악을 울리며 광대들이 분위기를 북돋워 주었다고 해요. 어사화는 가늘고 길게 쪼갠 대나무 살에 파란색, 빨간색, 노란색, 하얀색의 종이꽃을 만들어 붙인 것을 가리켜요. 그것을 모자에 꽂아서 머리 위로 길게 늘어뜨렸지요. 우리도 어사화를 만들고 과거에 급제한 영광스러운 순간을 재현해 볼까요?

✦ 준비물 ✦

꽃 철사(또는 대나무 살 1~2개), 사인펜, 파란색, 빨간색, 노란색, 하얀색 색종이 각 한 장, 풀, 가위, 4절 색마분지 1장, 유리 테이프

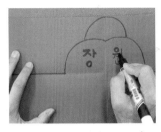

1. 4절 색마분지를 세로로 길게 자른 후 가운데에 익선관(옛날 모자) 형태를 그려요.

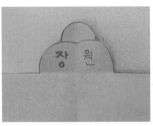

2. 윗부분을 잘라 내세요. 이마를 감싸는 부분을 전통 문양으로 꾸며도 좋아요!

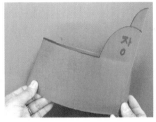

3. 머리에 쓸 수 있도록 둥글게 말아 고정해요.

4. 꽃 철사를 종이로 감싸요.

5. 색종이를 두 번 접어 꽃을 그린 후 오려요.

6. 꽃 철사에 꽃을 붙여요.

7. 모자의 뒷부분에 어사화를 고정한 후 이마 쪽으로 늘어뜨려요.

완성!!

조선시대에 태어났다면 나는 어떤 신분이었을까요?

✦✦ 평생 일하지 않는 양반은 어떻게 먹고살았을까? ✦✦

조선시대는 신분 사회였어요. 신분이란 태어날 때부터 정해져 있는 사회적 위치를 말해요. 양반인 집에서 태어났으면 죽을 때까지 양반으로 살고 상민의 집이나 천민의 집에서 태어났으면 죽을 때까지 그 신분으로 살아야 하는 것을 뜻하지요. 혹시 여러분 중에 부모님의 직업이나 소득의 수준 때문에 학교를 다닐 수 없거나 어떤 직업을 꿈꿀 수 없는 사람이 있나요? 조선시대는 내가 어떤 집안에서 태어났느냐에 따라 할 수 있는 일이 정해져 있었어요. 태어날 때부터 아무리 똑똑하고 재주가 많아도 타고난 능력을 발휘할 기회가 없었어요.

양반은 어떻게 살았을까요? 양반은 절대로 일을 하지 않았어요. 양반들은 주로 기와집에 살면서 늘 책을 읽거나 글을 썼고, 매화, 난초, 국화, 소나무 같은 선비를 상징하는 그림을 그리고 시를 썼어요. 관리가 되면 나랏일에 종사하기도 했지요. 양반의 여자들은 수를 놓고 바느질을 하거나 그림을 그리기도 했어요. 양반들은 군대에도 가지 않았고 세금도 내지 않았어요.

그럼 일도 하지 않는데 어떻게 먹고살았을까요? 양반들은 농민들이 내는 세금으로 먹고살았어요. 양반들이 소유한 땅에서 농사를 짓는 농민들은 수확의 대부분을 세금으로 바쳤어요. 그래서 농민들은 아무리 일을 해도 재산을 늘릴 수가 없었지요. 조선시대 대부분의 사람들은 농민이었고, 농민들이 양반을 먹여살렸던 거예요. 그래서 농민들의 삶은 고달팠어요. 하지만 천민들과 비교하며 위안을 삼기도 했지요. 천민들은 조선시대 가장 밑바닥 신분으로 천대받으며 살았어요. 세계적인 아이돌 가수도 조선시대에 태어났다면 천민의 신분으로 고달픈 삶을 살아야 했겠지요.

상민들도 공부를 하여 과거 시험을 볼 수 있었지만 하루 종일 일을 해야 생계를 이어갈 수 있었기에 불가능했어요. 상민들은 양반과 달리 군대도 가

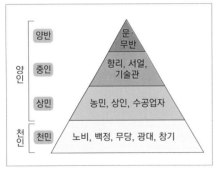

조선시대의 신분

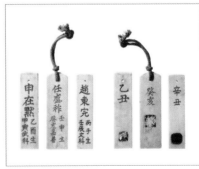

조선시대 호패

야 했고 나라에서 다리를 세우거나 궁궐을 지을 때 동원되었어요.

16세 이상의 남자들에게는 신분을 나타내는 호패를 발급했어요. 호패에는 이름, 출생 신분이나 지위, 사는 곳을 적어 놓았어요. 호패는 인구수를 파악하고 노동력을 동원할 때 유용했어요. 호패는 신분에 따라 재질이 달랐다고 해요.

조선시대 주민등록증 호패 만들기

호패를 만들어 가방에 달아 보세요. 여러분이 조선시대의 사람이라고 생각하며 호패를 만들어 보세요. 어떤 신분의 호패를 만들고 싶나요? 양반들은 호패를 차고 다니는 것이 신나는 일이었겠지만 다른 신분의 사람들은 그렇지 않았을 것 같아요. 여러분은 신분 차별이 없는, 자신만의 개성이 물씬 풍기는 호패를 만들어 가방에 달아 보세요. 가방을 잃어버려도 잘 찾을 수 있을 거예요.

✢ 준비물 ✢

색상지, 사인펜, 가위, 풀, 손 코팅지, 지끈

✦ 만드는 방법 ✦

1. 색상지를 반으로 접어 호패 모양을 그려요.

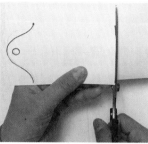

2. 두 장을 겹쳐 함께 오려요.

3. 호패에 넣을 내용을 스케치 해요.

4. 예쁘게 꾸며요.
(Tip 한쪽 면에는 자신의 이름이나 별명, 전화번호 등 공개하고 싶은 내용을 써요. 다른 면에는 기억하고 싶은 명언이나 좌우명, 좋아하는 동물 등 자유롭게 꾸며요.)

5. 손 코팅지가 있다면 코팅을 한 후 구멍을 뚫어요.

6. 고리나 지끈, 털실 등으로 연결하여 원하는 곳에 달아 주세요.

197

세종대왕은 우리나라 사람들이 가장 존경하는 지도자 중 한 명이에요. 세종대왕은 '어떻게 하면 백성들이 더 편안하게 살아갈 수 있을까?'를 항상 고민하며 연구했고 그 결과 과학 기술, 문화, 국방 등 여러 분야를 크게 발전시켜 조선을 강한 나라로 만들었어요. 오늘날로 치면 세종대왕은 한 나라의 대통령이자 과학자이자 언어학자이며 음악가였어요.

✦✦ 세종대왕과 집현전 ✦✦

집현전은 세종대왕이 만든 학문 연구 기관이에요. 세종대왕은 과거 시험에 합격한 학자들 중에서 학문이 뛰어난 젊은 학자들을 집현전 학사로 뽑았어요. 집현전 학사들은 업무를 보는 대신에 다양한 책을 읽고 연구를 했어요. 세종대왕은 집현전의 학사들에게 유급 휴가를 주기도 했어요. 휴가 기간은 최소 3개월에서 6개월가량으로 집현전 학사들은 자신이 원하는 곳에 가서 독서에만 전념할 수 있었어요. 이것을 '사가독서(賜暇讀書, 조선시대에 인재를 양성하기 위하여 젊은 문신들에게 휴가를 주어 학문에 전념하게 한 제도)'라고 해요. 세종대왕의 이러한 노력으로 집현전 학사들은 수백 종의 연구 보고서와 50여 종의 책을 펴냈어요.

✦✦ 세종대왕과 애민 정신 ✦✦

세종대왕의 재위 기간인 31년 7개월간의 역사를 기록한 책이 있어요. 바로 『세종실록』이에요. 『세종실록』에는 세종대왕의 재위 기간 동안의 치세가 구체적으로 잘 나타나 있는데요. 그 당시에 어떻게 이렇게 획기적인 복지 정책을 실행했을까 싶은 놀라운 내용들이 담겨 있어요.

세종대왕은 노비의 출산 휴가를 7일에서 100일로 늘려 주도록 했어요. 나중에는 산모의 남편에게까지 만 30일의 출산 휴가를 주도록 명했는데요. 출산과 산후조리 및 갓난아이를 키우는 일을 여자의 일만이 아니라 남편도 함께 감당해야 하는 일임을 강조했다고 해요. 오늘날 출산 휴가는 산모와 남편 모두 90일까지 가능해요. 그것

도 최근에 와서야 이런 정책이 시행되었는데 이미 몇 백년 전에 이런 정책을 펼쳤다니 정말 시대를 앞서간 왕이라는 생각이 들지 않나요? 더구나 그 당시 누구나 천대했던 노비들에 대해서 말이지요.

이 밖에도 세종대왕은 노비도 하늘이 낸 백성이라고 하며 노비들을 함부로 구타하거나 죽이지 말라는 명을 내렸어요. 그리고 늙은 홀아비와 홀어미, 고아, 의지할 곳 없는 노인과 장애인들에게 식량을 빌려 주고 지낼 수 있는 거처를 마련해 주어야 한다고 명시했지요. 세종 대왕은 시대를 앞서도 한참 앞서 나간 성군이었어요.

✧✦ 세종대왕과 한글 창제 ✦✧

'훈민정음'은 '백성을 가르치는 바른 소리'라는 뜻으로 한글이 창제, 반포되었을 때의 공식 명칭이에요. 『훈민정음』은 한글을 창제한 목적과 한글의 원리가 자세하게 설명된 책이에요. 세종대왕이 한글을 창제하기 전까지 글자를 읽고 쓸 수 있는 사람은 지배층인 양반들뿐이었어요. 그 글자도 중국에서 들여온 한자였지요. 한자는 어렵고 복잡해서 먹고 살기 바쁜 백성들은 배우기가 힘들었어요. 세종대왕은 백성

「훈민정음」

들이 글자를 알지 못해서 여러 가지 어려움을 겪는 것을 보고 우리말에 맞는 글자를 만들기로 결심했지요.

집현전 학사 정인지는 『훈민정음』「해례본」에서 "슬기로운 사람은 아침을 마치기도 전에 깨칠 것이오, 어리석은 이라도 열흘이면 배울 수 있다."라고 했어요. 그의 말처럼 한글은 단 24개의 문자만 익히면 1만 1000개 이상의 소리를 표현할 수 있어요. 정말 대단하지 않나요?

세종대왕이 한글을 만들지 않았다면 지금 우리는 중국의 한자를 그대로 쓰고 있을 거예요. 생각만 해도 아찔해요. 『훈민정음』은 국보 제70호이며 1997년에 유네스코 세계기록유산으로 등재되었어요.

✦✦ 세종대왕과 과학 기술의 전성시대 ✦✦

세종대왕은 어렸을 때부터 잠을 아낄 정도로 책을 많이 읽어서 세종의 건강을 걱정한 태종이 책을 숨길 정도였다고 해요. 독서를 통해 과학, 음악, 서화 등 모든 분야에서 뛰어났던 세종대왕은 인재를 알아보고 등용할 줄 알았어요. 세종대왕하면 떠오르는 이가 있으니 바로 '장영실'이지요. 세종대왕은 그의 재주를 귀하게 여겨 명나라에 유학을 보내 천문 관측 등 여러 과학 기술을 공부하도록 했어요.

명나라에서 돌아온 장영실은 천문 관측기인 '간의'와 '혼천의'를 만들었어요. 태양이나 별, 달의 움직임을 관찰할 수 있게 해주는 천문 관측기의 발명으로 계절의 변화를 파악하고 날씨를 예측할 수 있게 되었어요. 이를 바탕

혼천의   측우기

으로 조선에 맞는 달력인 '칠정산'을 제작하여 백성들이 농사를 지을 때 큰 도움을 주었어요. 또 측우기를 세계 최초로 발명했어요. 이 측우기 덕분에 전국적으로 비의 양을 관측하고 보고하는 체계를 갖출 수 있었다고 하니 정말 놀라운 일이지요.

만 원권 지폐 속 숨은그림찾기

만 원권 지폐에는 우리의 역사와 함께 세종대왕의 모습과 업적이 담겨 있어요. 만 원권 지폐에 있는 그림들을 찾아보고, 어떤 역사적 의미가 있는 유물인지를 조사해 보세요.

✦ 숨은그림찾기 ✦

세종대왕, 세종대왕의 생애, 혼천의, 천상열차분야지도(고분 벽화의 별자리 그림), 일월오봉도, 용비어천가 원문, 보현산 천문대 광학천체망원경

✦ 힌트 ✦

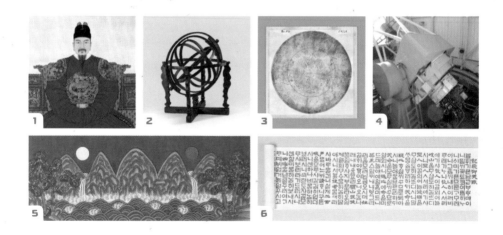

① 세종대왕 : 돋보기로 세종대왕을 살펴보아요. 옷자락을 자세히 들여다보면 한글이 보일 거예요. 만 원권 지폐에는 세종대왕 초상이 두 개 있어요. 하나가 안 보인다고요? 그렇다면 빛을 비춰 보세요. 보이지 않게 세종대왕을 감춰 둔 이유는 위조를 방지하기 위해서랍니다.

② 혼천의 : 태양이나 별, 달의 움직임을 관찰할 수 있게 해주는 천문 관측기예요.

③ 천상열차분야지도(고분 벽화의 별자리 그림) : 태조 4년(1395)때 만들어진 세계에서 가장 오래된 천문도 가운데 하나예요.

④ 보현산 천문대 광학천체망원경 : 한국에서 가장 큰 1.8m 망원경으로 혼천의와 함께 우리나라 과학 기술의 과거와 현재를 보여 줘요.

⑤ 일월오봉도 : 백성들의 태평성대를 염원하기 위해 제작된 그림으로 다섯 개의 산봉우리와 해, 달, 소나무, 물이 그려져 있어요.

⑥ 용비어천가 : 세종 29년(1445) 5월에 간행된 조선 왕조의 창업을 칭송하는 노래책으로 한글로 엮은 최초의 책이에요.

+ 정답 +

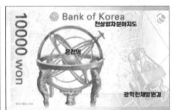

위기의 조선,
임진왜란이 일어났어요

✦✦ 율곡 이이의 10만 양병설 ✦✦

율곡 이이는 퇴계 이황과 함께 조선을 대표하는 문신이에요. 그는 선조 임금에게 간곡하게 왜인들이 침입해 올 것이니 군사를 준비해야 한다고 강력하게 아뢰었어요. 하지만 신하들은 당쟁(정치적으로 견해를 달리하는 세력 간의 대립과 갈등)에 몰두하느라 의견을 하나로 모으지 못했어요. 이이의 주장은 유야무야되어 버렸지요. 선조는 임진왜란이 일어나기 1년 전이 되어서야 일본의 동태가 심상찮음을 느꼈어요. 120여 년간 분열되었던 일본을 통일한 도요토미 히데요시가 조선을 침략할지도 모른다고 느낀 거지요.

선조는 일본의 동태를 파악하기 위해 두 사신을 보냈어요. 하지만 일본에 갔다 온 두 사신의 보고가 달랐어요. 황윤길은 "일본이 수많은 병선을 준비하고 있어 조선을 침입할 것 같습니다. 도요토미 히데요시는 눈빛이 빛나고 담력이 강해 보입니다."라며 전쟁을 대비해야 한다고 말했어요. 하지만 김성일은 "조선을 침략할 낌새를 느낄 수 없었으며 도요토미 히데요시는 두려워할 만한 위인이 못 됩니다."라며 황윤길과 다른 보고를 했어요. 조정에서는 갈피를 잡지 못하다가 결국 김성일의 보고를 믿기로 했어요. 결국 아무런 대비도 하지 못한 채 다음 해 일본의 침략을 받고 말았어요.

✦✦ 빼앗긴 수도, 도망가는 선조 ✦✦

선조 25년 때인 1592년 4월 13일, 전쟁 준비를 끝내고 조총으로 무장한 일본의 20만 대군이 부산 앞바다로 쳐들어왔어요. 임진왜란이 시작된 거예요. 전쟁에 대한 대비가 전혀 되어 있지 않았던 조선은 속수무책으로 당할 수밖에 없었어요. 일본군은 부산성을 시작으로 동래성, 상주성을 함락시키며 빠른 속도로 수도인 한성으로 진격해 왔어요.

선조는 일본군이 한성에 닿기 전에 겨우 17세밖에 되지 않았던 광해군에게 뒷일을 맡기고 북쪽으로 피란을 떠났지요. 일본군이 무서워 신하들도 도망가 버려 선조의 피난길은 초라하기 이를 데 없었어요. 전쟁을 일으킨지 20일도 되지 않아 한성을 함락시킨 왜군은 선조를 잡기 위해 평양성으로 향했어요. 결국 선조는 의주까지 피난을 가야 했지요.

그러나 일본군의 기습적이고 저돌적인 공격에 속수무책으로 당하기만 했던 조선의 백성들은 나라를 구하기 위해 전열을 가다듬기 시작했어요. 바다에서는 이순신 장군이 이끄는 조선 수군이 일본 수군을 무찌르며 보급로를 차단했어요. 또 육지에서는 홍의 장군 곽재우를 비롯한 의병들과 권율 장군이 일본군을 막아 내고 있었어요.

✦✦ 최초의 의병, 홍의 장군 곽재우 ✦✦

임진왜란 최초로 의병을 일으킨 사람은 경상도의 유생 곽재우였어요. 곽재우는 과거에 장원 급제했지만 그 글이 왕의 뜻에 거슬리는 바람에 합격이 취소되어 고향으로 내려와 조용히 살고 있었어요. 일본군들이 쳐들어오자 그는 자신의 노비들을 불러 모았어요.

"나를 따라 일본군들과 맞서 싸우지 않겠느냐?"

곽재우는 자신의 재산을 모두 털어 의병을 모집했어요. 그는 항상 붉은색 옷을 입고 싸움에 나섰어요. 붉은색은 눈에 잘 띄는 색이라 적의 표적이 되기 쉬웠을 텐데 왜 그랬을까요? 붉은색 옷을 입고 죽음을 두려워하지 않고 앞장서면 병사들도 용감하게 싸울 수 있다고 생각했기 때문이에요. 의령, 현풍, 진주 등지에서 일본군을 격파하며 승리를 이어가자 의병 수가 한 달 만에 2000여 명이 되는 대군이 되었어요.

곽재우 장군은 일본군이 호남으로 가는 길을 막아 호남의 곡창 지대를 지켰어요. 이순신 장군 때문에 바닷길이 막히자 일본군은 육지를 통해 호남으로 향했거든요. 이렇게 보급로가 끊기자 일본군은 전쟁을 쉽게 끝내지 못하고 장기전으로 들어갈 수밖에 없었어요.

✦✦ 권율의 행주대첩, 다시 수도를 되찾다 ✦✦

명나라는 조선을 돕기 위해 지원군을 보내 왔어요. 조선과 명나라의 연합군은 평양성을 탈환한 후 한성을 되찾기 위해 남쪽으로 내려오고 있었어요. 권율도 한성을 탈환하기 위해 미리 행주산성에서 진지를 구축한 후 만반의 준비를 하고 기다렸어요. 산성 주변에 목책을 쌓고 무기와 성벽을 정비했지요. 위협을 느낀 일본군은 3만여 명의 대군을 이끌고 행주산성으로 쳐들어왔어요.

권율 장군과 관군, 그리고 백성들은 모두 힘을 합해 싸웠어요. 권율은 승자총통, 비격진천뢰, 신기전 화차 등과 같은 새로운 무기로 대응했어요. 그러나 아홉 차례에 걸친 일본군의 공격에 최선을 다했지만 결국 화살이 떨어지고 말았어요. 그때 성안의 부녀자들이 자신들의 긴 치마를 잘라서 허리에 두른 뒤 치마(행주치마)에 돌을 담아 날라 주었어요. 행주대첩에서의 승리는 모두가 힘을 합친 결과였지요. 이 승리로 한성을 차지하고 있던 일본군은 포기하고 물어나야 했어요.

여자들의 행주치마로 지켜 낸 싸움이라고 하여 '행주대첩'이라는 이름이 붙었어요. 행주대첩은 김시민의 '진주대첩', 이순신의 '한산도대첩'과 함께 '임진왜란 3대 대첩'으로 불리고 있어요.

행주산성 표적 놀이

행주치마로 지켜 낸 행주산성. 우리도 행주산성의 백성들이 되어 놀이를 해보아요. 앞치마에 오자미를 던지고 그것을 제한시간 내에 많이 모으는 팀이 이기는 놀이예요. 짝끼리 힘을 합하고 마음을 모아야 이길 수 있어요. 그 어떤 최신식 무기보다 전쟁에서 나라를 지키는 가장 큰 무기는 한마음으로 똘똘 뭉치는 단결력이에요.

✦ 준비물 ✦

앞치마, 바둑알이나 사탕(오자미 역할), 4명 이상

✦ 놀이 방법 ✦

① 두 팀으로 나눠요.

② 각 팀원 중 한 사람은 앞치마를, 다른 사람(들)은 바둑알이나 사탕을 30개 정도씩 준비해요.

③ 5m 거리를 두고 마주 보고 서요.

④ 2분 동안 앞치마에 바둑알이나 사탕을 던지면 앞치마로 받아 내요.

⑤ 2분이 지나면 결승점으로 뛰어가 바둑알이나 사탕을 바구니에 쏟아 내요.

⑥ 많이 모은 팀이 이기는 놀이예요.

23전 23승으로 나라를 구한 이순신

오늘날 우리가 유일하게 탄생일을 기념하는 위인이 있어요. 바로 4월 28일 '충무공 이순신 탄신일'이에요. 모두가 포기했던 전쟁에서 승기를 잡을 수 있었던 것도 이순신 장군 덕분이지요. 그런데 이순신 장군이 전라좌수사에 임명된 것은 임진왜란이 발발하기 고작 1년 전이었다고 해요. 일본의 침략에 대해 모두가 회의적일 때 이순신은 거북선을 만드는 등 전쟁에 대비했어요. 심지어 거북선이 완성된 것은 임진왜란이 일어나기 하루 전이라고 해요.

✦✦ 조선의 배, 판옥선과 거북선의 힘 ✦✦

조선 수군의 배는 '판옥선'이라는 배였어요. 판옥선의 1층에서는 노꾼들이 노를 젓고 2층에서는 병사들이 화포를 쐈어요. 1년 동안 이순신의 지휘 아래 훈련을 마친 조선 수군은 튼튼하고 기동성이 뛰어난 판옥선으로 일본군의 침입에서 조선을 구할 수 있었어요.

판옥선

거북선은 판옥선에 철침을 박은 판으로 지붕을 덮은 배예요. 뾰족한 지붕은 일본군이 배로 뛰어들어 칼과 총으로 공격하지 못하도록 설계한 것이지요. 거북선에는 150명까지 탈 수 있었다고 해요. 뱃머리의 용 아가리에서 화포를 쏘며 돌진하면 2층에 숨어 있는 병사들이 작은 구멍으로 총을 쏘았어요. 이순신 장군은 사천해전 때 처음으로 거북선을 출격시켰어요.

✦✦ 승리의 희망이 보인 한산도대첩 ✦✦

이순신 장군이 옥포해전을 시작으로 당포, 당항포, 율포에서 일본군의 수군을 무찌르자 전쟁의 양상이 달라지기 시작했어요. 한성을 점령하고 평양성까지 함락한 일본군은 의주로 피난 간 선조를 뒤쫓을 기세였어요. 하지만 남쪽 바다를 통한 보급로가 끊기자 평양성에 있던 일본군은 더 이상 진군을 할 수가 없었어요.

일본군은 조선 침략에 커다란 걸림돌인 조선 수군을 섬멸하고자 병력을 한군데로 모으기 시작했어요. 이순신 장군은 수많은 일본군의 함선과 싸워 이기려면 어떻게 해야 할 것인지 고민했어요.

　이순신 장군은 먼저 판옥선 5, 6척으로 적의 선봉을 급습하게 했어요. 일본군은 판옥선을 향해 달려들었어요. 이순신 장군의 신호가 떨어지자 판옥선은 도망치면서 한산도 앞바다로 적을 유인했어요. 한산도 앞바다에 도착하자 기다리고 있던 다른 판옥선들이 눈 깜짝할 사이에 나타났어요. 판옥선들은 북과 호각으로 서로 신호를 주고받으며 '학익진'을 펼쳤어요. 학익진은 학이 날개를 펼친 모양의 진법을 말해요. 조선 수군의 판옥선은 학익진을 펼쳐 반원 형태로 전진하면서 적을 포위했어요. 사정거리 안에 들어온 일본군의 함선들은 판옥선에서 쏟아지는 화포에 부서지고 가라앉았어요. 한산도대첩에서 일본 수군은 많은 함선과 병사들을 잃고 사기가 크게 떨어지고 말았어요.

　행주대첩에서 크게 패하고 이순신 장군이 이끄는 수군에 연이어 패배해 전쟁을 계속하기 힘들어진 일본군은 강화 회담(싸움을 그치기 위해 회의를 하는 일)을 제안했어요. 이순신 장군은 강화 회담 중에도 다시 있을 일본군의 공격에 철저하게 대비했어요. 하지만 조정은 잘못된 판단을 내려 이순신 장군의 지위를 박탈하고 한성으로 압송했어요.

　이순신 장군 이후 수군통제사직을 이어받은 원균은 칠천량 해전에서 일본군의 기습을 받아 크게 패하고 말았어요. 이때 조선의 판옥선 대부분이 불타거나 일본군에게 뺏기는 바람에 이순신 장군이 돌아왔을 때는 겨우 12척밖에 남아 있지 않았어요.

✦✦ 필사즉생필생즉사, 명량해전의 기적 ✦✦

이순신 장군은 어떻게 겨우 12척의 배로 133척의 배를 상대할 생각을 했을까요? 명량해전을 앞둔 이순신 장군의 의지는 1597년 9월 15일에 쓴 『난중일기』에 잘 나타나 있어요. "필사즉생필생즉사(必死卽生必生卽死)." 이 말은 '죽기를 각오하면 살고 반드시 살고자 하면 죽는다'는 뜻이에요. 이순신 장군은 수군이 일본군을 몰아내지 않으면 조선을 지켜 낼 수 없다고 판단하고 이같이 비장한 마음으로 명량해전을 준비했어요.

명량은 '울돌목'이라고 불리는 곳이에요. 전라남도 해남과 진도 사이에 있는 폭이 좁은 해협으로, 울돌목은 좁아서 무척 빠르게 흐르며 물이 우는 소리를 낸다고 하여 붙여진 이름이에요. 이순신 장군은 물살이 빠르고 하루 4번 밀물과 썰물의 흐름이 바뀌는 울돌목의 특성을 이용했어요. 울돌목에 수중철색(쇠사슬)을 설치하고 일본군을 유인했지요. 일본군의 배는 바닥이 뾰족했는데 수중철색에 걸린 배가 오도 가도 못하자 뒤따라오던 배들이 충돌하면서 잇따라 무너지기 시작했어요. 명

현충사에 공개된 명량대첩 그림

량해전으로 조선 수군이 입은 피해는 전사자 2명과 부상자 2명뿐이었다고 해요.

이 싸움으로 조선군은 다시 해상을 장악할 수 있었고 일본군은 수군을 이용해 전라도로 침입하려던 계획을 포기해야 했어요. 이후 일본군은 전의를 상실했고 우리 백성들의 나라를 지키고자 하는 의지는 더욱 불타올랐지요.

임진왜란이 일어난 지 8년이 되던 1598년, 전쟁을 일으킨 도요토미 히데요시가 병으로 죽자 일본군들은 조선에서 철수하기 시작했어요. 철수할 때 이순신의 공격이 두려웠던 일본의 장수 고니시 유키나가는 명나라 장군 진린에게 안전하게 철수할 수 있도록 해달라며 뇌물까지 주었어요. 하지만 이순신 장군은 진린을 설득해 노량(지금의 하동과 남해 사이)에서 철수하는 일본군을 공격(노량해전)하여 크게 물리쳤어요. 7년을 끌었던 임진왜란은 이렇게 끝이 났어요.

거북선 컬러링

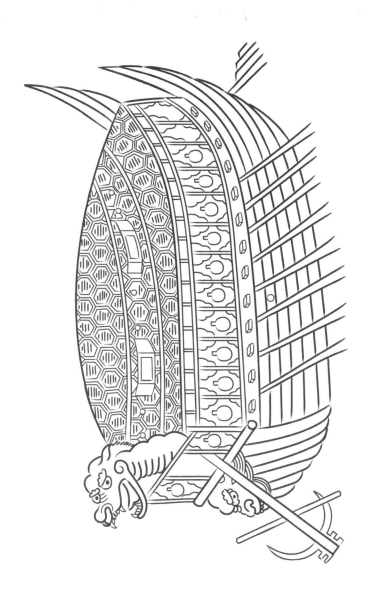

거북선을 색연필이나 좋아하는 색칠 도구로 색칠해 보세요.

청나라와의 전쟁 '병자호란'은 피할 수 없었을까요?

✦✦ 광해군의 외교 전략, 중립 외교 ✦✦

광해군은 선조의 둘째 아들로 임진왜란 때 선조가 한성을 버리고 피난을 떠나면서 세자로 책봉됐어요. 광해군은 평안도, 강원도, 황해도를 돌며 민심을 수습하고 왜군에 대항하기 위해 군사를 모집하는 등 선조를 대신해 나라를 지키는 데 앞장섰어요. 임진왜란이 끝나고 선조의 뒤를 이어 왕이 된 광해군은 전쟁으로 쑥대밭이 된 조선을 복구하기 위해 많은 노력을 기울이며 부국강병의 기틀을 만들었어요.

명나라의 힘이 점점 쇠퇴해지는 무렵, 압록강 북쪽에서는 '누르하치'가 흩어져 있던 여진족을 통일하고 후금(이후 청나라로 이름을 바꿈)을 세웠어요. 후금이 명나라를 공격하기 시작하자 명나라는 조선에게 도움을 요청했어요.

임진왜란 때 명나라의 도움을 받았으니 돕는 것이 마땅한 일이었지만 조선으로서는 입장이 난처했어요. 명나라의 요청을 거절할 수도 없고 명나라를 도와 후금을 공격할 수도 없었거든요. 왜냐하면 다 쓰러져가는 명나라를 돕느라 이제 막강해지는 후금과 사이가 틀어지면 결국 조선에 이로울 것이 없으니까요. 광해군은 고심 끝에 실리를 좇는 중립 외교를 선택했어요. 하지만 신하들이 가만히 있지를 않았어요.

"전하! 명나라는 아버지의 나라입니다. 임진왜란 때 우리를 도와준 명나라를 모른 척할 수 없습니다! 어떻게 오랑캐의 나라인 후금의 눈치를 본단 말입니까?"

신하들은 광해군의 중립 외교를 이해하지 못했어요. 결국 광해군은 군사 1만을 보내며 사령관 강홍립에게 이렇게 말했어요.

"장군! 명나라는 후금과의 싸움에서 이기기 힘들 것이오. 상황을 잘 살펴서 명나라가 불리해지면 항복하시오. 그리고 명나라와의 관계 때문에 어쩔 수 없이 파병했다고 말하시오."

광해군의 예상대로 결국 명나라가 후금에 밀리자 강홍립은 항복하면서 어쩔 수 없이 파병되었음을 알렸어요. 광해군의 현명한 판단으로 조선은 명나라와 후금의 전쟁에 휘말리지 않을 수 있었어요.

✦✦ 신하들에 의한 왕위 교체, '인조반정' ✦✦

신하들은 광해군의 중립 외교를 매우 못마땅해했어요. 또한 광해군이 임해군, 영창대군, 영창대군의 생모 인목대비 등 왕위를 위협하는 정적들을 가차 없이 제거하자 도덕적으로도 결함이 있다고 생각했어요.

"어떻게 명나라를 저버리고 청나라와 잘 지낼 수 있단 말이오!"

"자신의 형제인 임해군과 영창대군을 죽이고, 인목대비까지 감금한 부도덕한 왕을 계속 왕으로 모실 수 없소!"

"새로운 왕으로 능해군을 세워 모든 것을 바로 잡읍시다!"

광해군은 장자가 아닌 서자 출신으로 왕이 될 때부터 지지 기반이 약했어요. 결국 광해군은 중립 외교를 반대하던 서인들에 의해 왕위에서 쫓겨나고 능양군이 왕위에 올랐어요. 이 사건을 인조반정이라고 해요. 인조는 광해군의 중립 외교를 버리고 다시 명나라를 받드는 외교를 펼쳤어요. 후금은 오랑캐의 나라라고 하여 철저하게 배척했지요.

후금은 조선의 태도에 분노하여 군사 3만 명을 이끌고 압록강을 건너 황해도까지 밀고 내려왔어요. 이를 '정묘호란'이라고 해요. 10일 만에 평양성을 점령한 후금은 조선과 '형제의 관계'를 맺는 것을 조건으로 물러갔어요. 후금은 조선을 점령하려는 목적보다는 명나라와 조선의 관계를 끊어 서로 돕지 못하도록 하는 것이 침략의 이유였거든요. 이후 후금은 세력을 더 키웠고, 나라 이름을 '청'으로 고쳤어요.

청나라는 조선을 더 압박했어요. 정묘호란 때 맺은 '형제의 관계'를 '임금과 신하의 관계'로 바꿀 것을 요구했어요. 조선 조정에서는 청나라의 요구를 절대 받아들일 수 없다는 쪽으로 의견이 기울었어요.

✦✦ 남한산성에서의 45일 ✦✦

청나라는 황제 즉위식에 축하하러 온 조선의 사신에게 왕자를 볼모(인질)로 보내지 않으면 조선을 침략할 것이라고 경고했어요. 끝내 왕자를 보내라는 요구를 조선이 거부하자 청나라의 황제 태종은 직접 10만 대군을 이끌고 조선으로 쳐들어왔어요. 1636년 병자년에 일어난 일이라서 병자호란이라고 해요.

인조는 남한산성으로 피신했어요. 청 태종은 인조의 항복을 받아 내기 위해 남한산성을 겹겹이 에워싸 아무도 들어가지도 나오지도 못하게 했어요. 인조는 완벽히 고립되어 성 안에 있는 곡식으로 버텨야 했어요. 그런데 문제는 곡식이 채 2개월을 버틸 수 없는 양이었다는 거예요. 인조는 각 도에서 조선 관군이 남한산성으로 와주기를 고대하며 45일을 버텼어요. 그러나 강화도까지 청군에게 함락되었다는 소식이 전해지고, 조선 관군의 지원이 좌절되자 더 이상 버틸 수가 없게 되었어요. 결국 인조는 굴욕적으로 항복하고 말았어요.

✦✦ 삼전도의 굴욕 ✦✦

인조는 청 태종이 있는 삼전도(지금의 송파)로 향했어요. 청 태종이 인조에게 삼전도에 와서 신하로서의 예를 보이라고 했기 때문이에요. 인조는 청 태종에게 3번 절하고 9번 머리를 조아리는 '3배 9고두'라는 치욕적인 항복

삼전도비

의식을 행하였어요.

청나라는 인조의 항복을 받고 돌아가면서 소현세자와 봉림대군을 비롯한 수많은 조선인들을 강제로 끌고 갔어요. 이들을 조선으로 다시 데려오려면 그 대가로 돈을 내야 했는데 가난한 사람들은 돈이 없어서 돌아올 수도 없었어요. 겨우 살아 돌아온 여자들도 정절을 지키지 못했다고 하여 이혼을 당하거나 스스로 자결을 했다고 해요.

전쟁이 끝나고도 조선에 대한 청나라의 위협과 무리한 요구는 계속되었어요. 명나라와의 관계를 끊어야 했으며 군신 관계가 맺어져 해마다 엄청난 양의 조공을 바쳐야 했고 청나라가 군사를 요청하면 보내야 했지요. 또한 조선에 새로운 왕을 세우려면 청나라의 허락을 받아야 했어요.

서울 송파구에는 삼전도 '청태종 공덕비'가 있어요. 청 태종이 삼전도에서 인조가 항복한 사실을 기념하여야 한다는 명령에 못 이겨 세운 비석이에요. 삼전도의 굴욕이 잘 나타나 있어 삼전도비라고도 합니다.

인조가 보낸 비밀 편지 암호 풀기

인조는 남한산성에서 빠져나가기 위해 전국에 퍼져 있는 조선군 사령관들에게 납서를 보냈어요. 납서는 아주 잔 글씨로 내용을 써 납밀로 뭉쳐 몰래 보내는 비밀 편지를 말해요. 이 비밀 편지에 조선의 앞날이 달려 있었어요. 하지만 겹겹이 포위된 남한산성을 무사히 뚫기란 대단히 어려웠고 만약에 밀서가 적의 손에 넘어가기라도 하면 큰일이었지요. 그래서 비밀 문서를 암호로 만들었어요. 여러분 모두 조선군 사령관이 되어 암호를 풀고 남한산성에 갇힌 인조를 구해 보세요.

*** 인조의 비밀 편지 ***

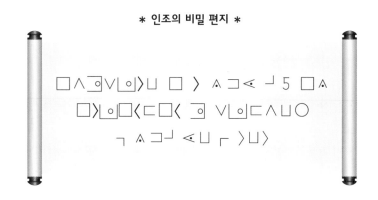

*** 암호 해독문 ***

ㄱ	ⓛㄹ	ㄷ
ⓜㅂ	ㅅ	ⓚㅇ
ⓧㅈ	ⓟㅌ	ㅎ

1724년	영조 즉위
1776년	정조 즉위
1796년	수원 화성 완공
1863년	고종 즉위, 흥선대원군 집권
1866년	병인양요, 제너럴 셔먼호 사건 발생
1871년	신미양요, 전국에 척화비 건립
1876년	강화도 조약
1884년	갑신정변
1894년	동학 농민 운동

<5장>

조선에
부는
개화의 바람

· 조선시대 후기 ·

영조는 왜
사도세자를 죽였을까요?

✦✦ 영조가 탕평채를 만들었다고? ✦✦

조선 제21대 임금인 영조의 어머니는 무수리 출신이었어요. 무수리는 궁중에서 청소를 하던 여자 종을 말해요. 궁중에서도 신분이 제일 낮은 여인의 아들이었으니 영조가 왕이 되기까지 순탄하지 못했어요. 당시 신하들은 가문과 출신 지역, 어떤 스승한테 배웠느냐에 따라 당파가 갈리고 당파의 이익을 위해 끊임없이 싸웠어요. 숙종의 뒤를 이은 경종이 죽자 경종을 따르던 무리들(소론)은 영조가 독살한 게 아니냐는 의심까지 했어요. 영조는 소론을 견제한 노론의 지지를 얻어 왕이 되었지만, 붕당 정치(신하끼리 서로 무리를 지어 편을 가르는 조선 중기의 정치 형태)가 주는 폐해를 목격하였기에 '탕평책'을 실시했어요. 탕평책은 당쟁을 해소하기 위해 당파 간의 균형을 도모

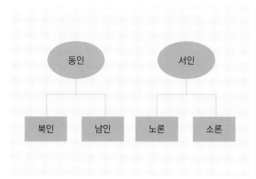

조선 당파 구도

탕평채

한 정책을 말해요. 영조는 신하를 뽑을 때도 노론과 소론 똑같은 수로 뽑았어요. 그 덕분에 능력 있는 인물들이 골고루 뽑혀서 영조의 명령에 따라 여러 개혁 정치를 이루어 낼 수 있었어요. 영조는 같은 당파에 속한 집안끼리의 혼인을 금지해서 세력이 커지는 것을 막았으며 사형을 시킬 때는 오늘날처럼 3심을 거치게 했어요. 당파에 속한 사대부들이 마음대로 형벌을 휘두르지 못하게 한 것이지요.

영조는 '당쟁을 그만두고 화해와 협력으로 백성들을 위해 힘쓰자'는 뜻을 신하들에게 전하기 위해 탕평채라는 음식을 내렸어요. 탕평채는 녹두묵에 고기볶음과 미나리, 구운 김 등을 섞어 만든 묵무침이에요. 탕평채에 들어가는 재료들은 모두 서인, 남인, 동인, 북인을 대표하는 색을 띤다고 해요. 재료들이 서로 어울려 맛이 나듯이 당파가 다르더라도 서로 화합하여 나랏일에 임하라는 영조의 마음을 신하들은 제대로 읽었을까요?

영조의 아들, 사도세자는 소론과 잘 지냈어요. 그러다 보니 노론의 눈 밖에 나고 말았지요. 결국 영조는 사도세자를 뒤주(쌀, 콩 등 곡식을 담아 두는 궤짝)에 가둬 죽여 버렸어요. 당파 싸움을 없애려고 노력했던 영조가 당쟁 속에서 불행한 가족사를 낳은 거예요. 영조는 아들을 죽였던 것을 후회하며 탕평책에 대한 의지를 더욱 다지고 밀어붙였어요.

✦✦ 백성의 어려움을 살피는 왕 ✦✦

영조는 늘 백성들의 어려움을 살피는 왕이었어요. 한양의 중심을 흐르는 청계천은 한성 사람들에게는 중요한 생활 하천이었어요. 각종 자연재해 등으로 먹고살기 힘들어진 지방의 백성들이 한양으로 몰려들자 한양은 인구가 폭증하기 시작했어요. 청계천은 지방에서 올라온 가난한 유민들로 북적였어요. 문제는 청계천이 조금만 비가 와도 흘러넘칠 정도로 바닥에 흙과 모래가 많이 쌓여 있었다는 거예요.

영조는 청계천 준설 공사를 하기로 했어요. 청계천 바닥에 있는 흙과 모래를 파내고 양옆으로 돌벽을 쌓는 공사였지요. 이 공사에 동원된 유민들에게는 품삯을 주어 생계에 도움이 되게 하였어요.

영조 어진

준설 공사로 청계천 주변의 환경이 깨끗해졌을 뿐만 아니라 홍수로 인한 물난리도 예방할 수 있었어요.

무엇보다 백성들이 영조를 존경한 이유는 그가 실천하는 삶을 살았기 때문이에요. 몸소 청렴과 근검절약을 실천하는 모습을 보여 나라 기강을 바로잡으려고 했지요.

영조는 지방 관리들이 왕에게 바치는 진상품들을 백성을 위해 쓰도록 했어요. 늘 굶주림에 시달리는 백성들을 생각하며 하루 5번 먹어 왔던 식사를 3번으로 줄였지요. 12첩이던 수라상(임금님이 드시던 밥상)의 가짓수도 대폭 줄이고 채소 위주의 반찬으로 검소하게 차리라고 했어요. 이뿐만 아니라 영조가 왕위로 있었던 52년 동안 궁궐 수리를 한 번도 하지 않았다고 해요. 52년 동안 칠도 하지 않고 그대로 두었으니 웬만한 양반집보다도 볼품이 없었을 거예요.

영조는 즉위와 동시에 금주령을 내리기도 했어요.

"술을 빚는 자는 섬으로 유배를 보내고, 술을 마신 자는 영원히 노비로 소속시킬 것이며, 선비 중 이름이 알린 자는 멀리 귀양을 보내고 군에 복무하도록 하라."

영조는 숙종 때부터 가뭄과 홍수가 반복되어 백성들이 먹고살기가 힘든 마당에 귀한 쌀을 주원료로 하는 술을 마신다는 것은 있을 수 없는 일이라고 보았던 거예요.

영조가 신하에게 내린 탕평채 만들기

탕평채를 만들며 여러 당을 고르게 쓰겠다는 영조의 의지를 되새겨 보세요. 요리가 부담
스러우면 가족들이 좋아하는 과일을 모아 우리 가족만의 탕평 샐러드를 만들어 보세요.
과일들을 잘라서 샐러드 소스로 버무리면 완성이에요.

✦ 준비물 ✦

청포묵(또는 곤약), 미나리(또는 오이), 당근, 채 썰어 양념한 고
기, 김, 맛살, 양념장(진간장, 식초, 매실 액기스 또는 설탕, 깨소금)

✦ 만드는 방법 ✦

1. 곤약을 채썰기 해요.

2. 오이를 채썰기 해요.

3. 당근을 채썰기 해요.

4. 맛살을 길게 찢어요.

5. 고기를 채썰어 양념하고 볶
아요.

6. 준비된 재료에 구운 김을 넣
고 양념장으로 간을 맞춰요.

**개혁의 왕,
정조!**

❖❖ 화성 행차 8일간의 이야기 ❖❖

오늘은 정조 임금님이 화성 행차를 떠나는 날이에요. 임금님이 창덕궁에서 출발했다는 소식에 구경꾼들이 소란스러워졌어요. 드디어 행렬이 보이기 시작했어요. 양옆으로 병사들이 늠름하게 줄을 지어 호위하고 있는데 병사들이 수를 셀 수 없을 정도로 많았어요. 행차에 참여한 병사 수가 6000여 명은 된다고 해요. 드디어 정조 임금님의 모습이 보였어요. 군복을 입고 말을 타고 계신 정조 임금님이 꼭 장군 같아 보여요.

정조 임금님의 행차가 한강에 이르렀어요. 한강에 정약용이 설계했다는 배다리가 보여요. 배다리는 배 36척을 연결한 다음 그 위에 판자를 깔아서 지나갈 수 있게 만든 것이에요. 무사히 한강을 건넌 행차는 다음 날 화성에

정조 현릉원 행차

도착한다고 해요. 정조 임금님이 화성 행궁에 머무시는 동안 제사도 지내고, 과거 시험도 열고, 잔치도 연다고 하니, 수원 화성은 그야말로 잔치 분위기로 들썩이겠지요.

정조는 해마다 1월 혹은 2월이 되면 수원 화성으로 행차를 나섰어요. 정조 임금의 아버지 사도세자의 무덤이 있는 현릉원에 참배(무덤이나 기념비 앞에서 추모의 뜻을 나타냄)를 하기 위해서였지요. 정조는 수원 화성 행차 때 현릉원 참배만 한 것이 아니라 그 지역 백성들의 민원까지 해결해 주었다고 해요.

어머니 혜경궁 홍씨 회갑(61세가 되는 생일) 때의 화성 행차는 『원행을묘정리의궤』라는 책의 〈화성능행도〉에 자세히 그림으로 기록되어 있어요. 화성 행차에는 6000여 명의 사람과 788필의 말이 동원되었다고 해요. 〈화성능행도〉 8폭 그림에 그 8일간의 화성 행차가 마치 동영상으로 찍은 것처럼 생생하게 묘사되어 있어요.

✦✦ 정조가 수원에 화성을 지은 까닭은? ✦✦

정조는 수원에 참배하러 갈 때마다 신하들이 너무 번거롭고 백성들에게도 피해를 주는 것 같으니 성을 지으라고 했어요. 하지만 그것은 표면적인 명분에 불과했어요. 그럼 정조가 수원에 화성을 지은 진짜 이유는 무엇일까요?

정조는 당쟁 속에서 살아남기 위해서는 왕권을 키워야 한다고 생각했어요. 조정에는 신하를 뽑는 기구가 따로 있었어요. 이 기구를 장악한 이들이 자신들의 입맛에 맞는 신하들을 뽑으니 당쟁이 더 심해지고 왕의 권위는 약해질 수밖에 없었어요. 영조가 실시했던 탕평책이 그렇게 효과를 보지 못했던 이유가 여기에 있어요. 그래서 정조는 규장각이라는 왕실 도서관을 설치했어요. 그러고는 당파나 출신 상관없이 젊은 신하를 뽑아서 규장각에서 학문을 연구하도록 했어요. 새로운 인재를 양성해 자신을 뒷받침하며 조선을 이끌어 갈 엘리트들을 키우려 한 거예요.

하지만 백성들을 위한 정치가 아니라 자신들의 이익만을 챙기려는 신하들의 싸움은 그칠 날이 없었지요. 그래서 정조는 수원에 신도시를 건설하여 당쟁이 없는 나라, 왕권이 강력한 나라를 만들려고 했어요. 정조의 시도가 성공했다면 화성이 조선의 새로운 도읍지가 될 수도 있었겠지요.

수원 화성을 설계하고 공사를 지휘한 이는 정약용이었어요. 정약용은『기기도설』(서양 기술을 최초로 중국에 소개한 책)이라는 책에 나오는 그림만 보고도 도르래의 원리를 파악했어요. 여러 개의 도르래에 밧줄을 걸어 당기면 물체를 쉽게 들어 올릴 수 있다는 것을 알게 된 뒤 거중기를 제작했어요.

수원 화성

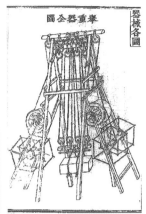
『화성성역의궤』에 실린 거중기

 거중기를 이용하자 10년 걸릴 공사가 2년여로 줄었고, 공사비도 4만 냥이나 아낄 수 있었어요. 백성들의 노고도 그만큼 줄었지요. 우리는 화성 공사와 관련된 일들을 어떻게 알 수 있을까요? 그것은 바로『화성성역의궤』덕분이에요. 이 책에는 수원 화성에 대한 모든 것이 적혀 있어요. 특히 축성법(성을 짓는 방법)에 대해 자세히 다루었는데 글과 그림으로 구체적으로 설명되어 있어서 오늘날에도 성곽 보수에 활용되고 있다고 해요.

✦✦ 정조의 친위부대, 장용영 ✦✦

 정조는 국왕을 호위할 친위 부대인 장용영을 창설했어요. 그리고 해마다 무술 시험을 치르고 신분에 상관없이 실력이 뛰어나면 병사로 뽑아서 훈련을 시켰어요. 50명으로 시작했던 장용영은 규모가 점점 커져서 나중에는 도성과 화성에 있는 군사를 합하면 2만여 명이나 되었다고 해요.

　정조는 활쏘기 천재였어요. 화살 50발을 쏘면 49발을 맞추는데 1발은 일부러 빗나가게 했다고 해요. 무과 시험을 치를 때는 직접 시험장에 가서 병사를 뽑았으며 병사들을 직접 훈련을 시키기도 했대요. 그만큼 정조의 무술 실력이 뛰어났다는 것을 알 수 있어요.

　『무예도보통지』는 정조가 기획하고 규장각에서 편찬한 병사들의 무술 훈련 교본이에요. 무술의 동작을 그림으로 그리고 설명을 달아 놓아서 누구든 책을 보고 훈련할 수 있도록 해놓았어요. 엄격한 규율과 체계적인 훈련을 받은 장용영은 정조에게 큰 힘이 되어 주었지요.

수원 화성 낱말퍼즐

정조는 왕권 유지를 위해 규장각을 설치하고 수원으로의 천도를 계획하는 등 개혁을 펼쳤어요. 하지만 갑작스러운 죽음으로 개혁이 중단되고 마는데요. 낱말퍼즐을 통해 그 내용을 다시 한번 되짚어 보세요.

✦ 가로 열쇠 ✦

① 학자들이 학문을 연구하고 나라의 정치를 의논하던 왕실 도서관

③ 사도세자의 아버지이며 정조에게는 할아버지가 되는 왕

④ 화성 행차 8일 동안의 기록을 8폭으로 그린 그림

⑥ 화성 건설 계획, 진행 상황, 공사비 등 화성 공사에 관련된 모든 것을 기록한 책

⑧ 정조의 어머니

⑨ 거중기를 설계하고 수원 화성을 세운 학자

✦ 세로 열쇠 ✦

② 정조를 호위하는 친위 부대

⑤ 장용영 군사들의 훈련 교본

⑦ 왕이 화성에 행차하면 머무는 곳

⑨ 영조를 이은 왕으로 당쟁을 없애고 왕권을 강화하기 위해 수원 화성을 건설한 왕

정답은 별면 〈정답 5〉

전기수가 들려주는 조선시대 이야기

애들아! 안녕? 나는 조선시대 '전기수'란다. 전기수가 뭐하는 사람이냐고? 전기수는 소설을 낭독해 주는 사람을 말해. 조선 후기에 새로 생긴 직업이지.

나는 사람들이 많이 모이는 곳에 자리를 잡고 『춘향전』, 『심청전』, 『홍길동전』, 『장화홍련전』, 『흥부전』 등의 한글 소설을 읽어 준단다.

요새 최고 인기 있는 소설은 『홍길동전』이야. 홍길동이 욕심 많은 부자들의 물건을 훔쳐서 가난한 사람들에게 나눠 주고 백성들을 괴롭히는 관리들을 혼내 주니 얼마나 통쾌하겠어. 내가 돈을 많이 버는 비결은 홍길동이 잡힐락 말락 할 때 읽는 것을 딱 멈추는 거란다. 그러면 사람들이 어서 읽어 달라며 돈을 던져 주거든!

너희들이 사는 시대에는 전기수라는 직업이 없다며? 누구나 책을 읽을 수 있는 시대인가 보구나. 조선시대 평민들은 책을 살 돈도 없거니와 글을 읽을 수 있는 사람들도 많지 않단다. 세종대왕님이 한글을 만들어서 우리 같은 백성들도 쉽게 글을 읽을 수 있게 되었지만 먹고살기 팍팍해서 한글 공부할 시간이 있어야지. 농사짓고 일하기에도 시간이 모자란단다. 그러니 나처럼 책을 읽어 주는 전기수가 있었던 거지.

전기수가 조선시대 여러 사람들에게 책을 통해 이야기를 전해 준다면, 노래로 이야기를 들려주는 사람도 있었어요. 그 사람은 바로 '소리꾼'이에요. 소리꾼은 '고수(북 치는 사람)'와 함께 장단을 맞추며 소리를 하는 사람으로, 이 노래를 '판소리'라고 해요. 〈춘향가〉, 〈심청가〉, 〈흥보가〉, 〈수궁가〉 등이 있어요.

판소리를 통해 소리꾼들은 무능한 조정과 권위를 잃은 양반들을 꼬집기

조선 판소리 명창 모흥갑의 판소리도

도 하고 타락한 중들을 놀리기도 했어요. 유머와 해학, 감동까지 담아낸 판소리는 백성들을 울고 웃게 했지요.

조선시대의 서민들이 즐기던 또 다른 유흥은 바로 '탈놀이'예요. 탈놀이는 탈을 쓰고 춤을 추거나 연극을 하는 것을 말해요. 탈놀이는 사월 초파일, 오월 단오, 팔월 추석 등에 공연되었어요. 탈놀이는 서민들의 신앙이나 경험들을 토대로 이야기가 만들어지고 전개되는지라 내용이 더 풍자적이고 적나라했어요. 그래서 서민들에게 굉장히 인기가 많았지요. 공연이 있는 날이면 온 가족이 함께 구경을 했답니다.

조선 초기는 신분 제도가 엄격했어요. 하지만 조선 후기에 와서 신분 제도에 큰 변화가 생겼어요. 농사 기술이 발달하면서 부유한 농민이 생기기 시작했고, 상공업이 발달하고 화폐가 유통되면서 대상인이 나타났지요. 양반이지만 가난해서 이름만 양반인 사람들도 많아지기 시작했어요. 조정에서는 재정을 확보하기 위해 '공명첩'을 발급하고, '납속책'이라는 제도를 실시했어요. 공명첩은 벼슬이 적힌 종이로, 돈을 내면 공명첩을 받아 양반이 될 수 있었어요. 납속책은 돈이나 곡식을 받고 천민을 양인으로 신분을 상승시켜 주거나 상민에게도 관직을 주고, 서얼들에게도 문관이 될 수 있는 기회를 주는 제도를 말해요. 그래서 조선 후기에는 양반의 수가 상민의 수보다 더 많아지게 되었어요.

조선시대 서민들의 놀이, 탈 만들기

우리나라 탈은 색이 강렬하고 다소 기괴한 생김새가 특징이에요. 특히 양반 가면은 평민들의 반감이 반영되어 입이 비뚤거나 코가 비뚤어어진 모습인데요. 다양한 탈 모양을 참조하여 나만의 탈을 그리거나 클레이로 만들어 보세요. 조선시대 서민의 마음을 상상하며 만들면 더욱 좋아요.

✦ 준비물 ✦

도화지, 색연필(또는 클레이), 유성 매직펜

✦ 참조 탈 ✦

미얄할미탈

먹중

작은어미탈

나만의 탈을 디자인해 보세요.

천재 화가 김홍도의 그림을 보면 조선이 보여요

조선시대의 모습은 김홍도, 신윤복, 정선 등의 화가들이 그린 그림을 통해서도 엿볼 수 있어요. 특히 김홍도는 서민들의 생활 모습을 그리길 좋아하여 다양한 장면을 생생하게 남겨 놓았어요. 김홍도의 그림을 보면서 조선시대의 삶을 들여다볼게요.

먼저 서당에서 공부하는 모습을 그린 〈서당〉이에요. 요즘의 학교 교실과 참 다르지요. 책상 앞에 울고 있는 친구는 회초리를 맞은 듯해요. 그 모습을 바라보는 친구들을 보니 모두 고소해하는 표정이네요. 모두들 '내 저럴 줄 알았다'는

〈서당〉

표정을 짓고 있는 걸 보니 평소 엄청난 개구쟁이였나 봐요.

아이들 머리카락을 보면 여자아이들처럼 머리카락을 길게 꼬아서 기르고 있어요. 조선 후기에는 장가를 가서 상투를 틀기 전에는 모두 저렇게 머리카락을 길렀어요.

오른쪽 밑에서 두 번째 아이는 콧수염이 나 있어요. 나이가 제법 있는 듯한데 머리를 길게 내린 걸 보니 아직 장가를 못간 것 같네요. 공부를 늦게 시작한 것 같아요. 서당은 저렇게 다양한 연령대가 함께 공부했어요. 그런데 서당에 여자아이는 보이지 않아요. 조선시대에 글공부를 할 수 있었던 여자는 양반 가문의 딸들밖에는 없었어요. 그럼 다른 여자아이들은 뭘 했느냐고요? 어렸을 때부터 하루 종일 집안일을 도와야 했어요.

김홍도의 그림들을 모아 놓은 〈단원 풍속도첩〉에는 〈서당〉 외에도 그 시대의 생활상을 알 수 있는 그림이 많아요. 〈타작〉 그림을 보면 왼쪽에는 타작을 하느라 정신없이 바쁜 장정들이 있고, 오른쪽에는 비스듬히 누워 일하

〈타작〉   〈자리 짜기〉

는 사람들을 감시하고 있는 사람이 보여요. 갓을 쓴 것을 보니 양반인 듯한데 글을 읽고 체통을 지키는 양반은 아닌 것 같아요. 돈을 주고 양반 신분을 산 사람이 아닐까요?

〈자리 짜기〉에도 양반이 등장해요. 그런데 이 양반은 부인 옆에서 자리를 짜며 열심히 일을 하고 있어요. 아주 가난한 집안 같은데 한쪽에서 자식이 공부하고 있는 것을 보면 이 집은 진짜 양반집인 듯해요. 이렇게 그림을 통해 상공업 발달로 돈을 번 부자들이 양반 신분을 사면서 신분제가 흔들리기 시작한 조선 후기의 사회 모습을 볼 수 있지요.

〈단원 풍속도첩〉 병풍책 만들기

김홍도의 그림을 잘라서 8폭 병풍책으로 만들어 보세요. 만들면서 조선의 백성들이 어떻게 살았는지 자세히 관찰해 보세요. 어떤 일을 하고 어떻게 공부하며 어떤 놀이를 하고 있나요? 계급에 따라 사는 모습이 어떻게 달라 보이나요?

✦ 준비물 ✦

풀, 색종이, 8절 마분지 2장, 김홍도 그림 8장(활동 자료 4), 테이프

✦ 만드는 방법 ✦

1. 8절 마분지를 병풍 모양으로 접어요.

2. 두 장을 테이프를 사용해 이어 붙여요.

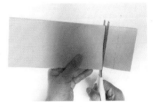

3. 그림과 그림 설명의 길이를 고려하여 병풍의 높이를 정하고 가위로 오려요.

4. 김홍도의 그림을 붙여요.

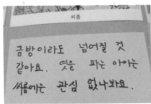

5. 그림을 붙인 후 설명을 적어요. 그림에 대한 생각이나 느낌을 적어 넣어요.

6. 완성

외세의 바람이
한반도에 휘몰아쳐요

✦✦ 흥선대원군의 개혁 정치 ✦✦

조선 후기 제25대 왕인 철종은 건강이 좋지 않았어요. 왕실에서는 왕이 아픈데 왕위를 이을 후사가 없다는 것이 걱정이었어요. 이때 왕실의 먼 친척인 흥선대원군은 자신의 아들이 왕위에 오를 수도 있겠다는 희망을 품고 권력의 틈바구니에서 살아남기 위해 일부러 모자란 듯이 행동했어요. 그 당시 최고 권력가였던 안동 김씨집을 일부러 찾아다니며 음식을 구걸하기도 했지요. 그래서 '상갓집 개'라는 치욕적인 소리도 들어야 했어요.

철종이 젊은 나이에 세상을 떠나자 흥선대원군의 야망은 드디어 실현되었어요. 그의 아들 고종이 왕위에 오른 거예요. 그때 고종의 나이는 고작 12세밖에 되지 않았어요. 그래서 궁궐의 최고 어른이었던 조대비가 수렴청정(대

흥선대원군

리정치)을 했어요. 하지만 실질적인 권력은 흥선대원군이 갖게 되었어요. 고종이 15세가 되어 조대비의 수렴청정이 끝났지만 흥선대원군은 물러나지 않았어요. 오히려 전면에 나서서 조선을 개혁하고자 했어요.

가장 먼저 세도정치(왕실의 가족, 친척 또는 신하들이 마음대로 하는 정치)의 온상이 되었던 수백 개의 서원을 정리하고 47개만 남겨 놓았어요. 서원은 원래 조상에게 제사를 지내거나 지방의 인재를 기르기 위한 중고등 교육 기관인데 세금을 축내고 백성들을 괴롭히는 곳이 되고 말았거든요. 그리고 양반에게도 세금을 징수해서 국고를 채웠어요. 지방 관리들의 부정부패를 막아 백성들의 삶을 안정시키기 위한 노력도 기울였지요.

흥선대원군은 개혁을 통해 왕권을 강하게 만들려고 했어요. 양반들이 크게 반발했지만 흥선대원군은 강한 의지로 관철시켜 나갔어요. 그런데 왕의 위엄을 드러내고자 경복궁을 무리하게 중건하면서 백성들의 불만을 샀어요.

흥선대원군의 실책 중 또 다른 하나는 천주교도들을 박해했다는 거예요. 천주교는 왕과 양반들이 받아들이기 힘든 종교였어요. 흥선대원군은 천주교를 인정한다면 자신의 개혁 정책을 반대하는 양반들이 더욱 거세게 공격할 것으로 생각했어요. 권력을 잃고 싶지 않은 흥선대원군은 천주교를 탄압하기 시작했어요. 이로 인해 1866년부터 1871년까지 프랑스 선교사 12명 가운데 9명과 천주교도 8000여 명이 학살되었어요. 1866년 살아남은 신부

3명이 조선을 탈출하여 흥선대원군의 천주교 학살 사건을 알렸어요. 이 사건은 우리나라를 호시탐탐 노리며 중국에 주둔해 있던 프랑스 함대가 한반도로 출동하는 구실이 되지요.

1866년 프랑스군은 선교사 학살을 비난하며 책임자를 처벌할 것을 요구하며 강화도로 침범해 왔어요. 이를 '병인양요'라고 해요. 처음에 조선군은 프랑스군의 신식 무기 앞에 속수무책이었어요. 하지만 조선군은 70여 명의 사상자를 내고 프랑스군을 물리쳤어요. 프랑스군은 아무런 소득도 없이 강화도에서 철수해야 했지요.

✦✦ 오해에서 비롯된 신미양요 ✦✦

1866년에는 제너럴 셔먼호라는 미국 배가 조선과 무역을 하기 위해 대동강을 거슬러 한반도로 들어왔어요. 평양의 관리들은 일단 외국에서 온 낯선 손님이니 이들을 잘 대접하고 돌려보내려고 했어요. 하지만 강물이 줄어들면서 배가 고립되자 배에 타고 있던 이들이 난폭해지기 시작했어요. 평양 군민과 충돌이 생겼고, 제너럴 셔먼호에서 쏜 대포에 조선 사람들이 죽고 다치는 일이 일어나고 말았어요. 이에 조선군은 제너럴 셔먼호에 포격을 가하고 배를 불태웠어요. 제너럴 셔먼호에 타고 있었던 이들은 몰살당했지요.

5년 뒤 미국은 이 사건을 빌미로 개방을 요구하며 다시 침입해 왔어요. 이것을 '신미양요'라고 해요. 이번에는 강화도로 쳐들어왔어요. 조선은 당연히 이들을 쫓아 버리기 위해 전쟁을 불사했지요. 그러나 근대식 무기를 갖

미국 선상에 놓인 수자기

춘 미국군은 막강했어요. 오래되고 성능이 뒤떨어진 조선의 무기로는 당해 낼 수 없었어요. 어재연 장군의 지휘하에 조선군이 광성보에서 처절하게 싸웠으나 수백 명이 죽거나 다쳤어요. 미국군은 겨우 3명만이 전사했다고 해요. 미군이 당시 어재연 장군의 깃발을 전리품으로 가져가는 사진을 보세요.

미국은 광성보 전투에서 큰 승리를 거뒀지만 자신들이 원하는 결과를 얻지는 못했어요. 흥선대원군의 강력한 '쇄국정책(다른 나라와 통상하지 않은 정책)'으로 조선과의 수교를 포기할 수밖에 없었거든요.

✦✦ 조선을 개방하지 않겠다는 의지, 척화비 ✦✦

병인양요와 신미양요를 겪고 난 후 흥선대원군의 쇄국에 대한 의지는 더욱 강해졌어요. 그 의지를 보여 주기 위해 전국의 교통 요충지마다 척화비 200여 개를 세웠어요. 척화비에는 이런 내용이 적혀 있어요.

"서양의 오랑캐(야만스러운 종족, 침략자를 업신여겨 부르던 말)가 침범해 오는데 싸우지 않고 화해를 주장하며 싸우지 않는 것은 나라를 팔아먹는 것이다."

쉽게 말해서 외국의 어떤 나라도 조선에 받아들일 수 없다는 것이었어요. 문을 꼭꼭 닫아걸고 다른 나라와 수교하지 않으면 조선은 안전하리라고 여겼던 거예요.

척화비

하지만 조선을 둘러싸고 있는 세계 정세는 하루가 다르게 변하고 있었어요. 근대식 무기와 함선, 체계적인 훈련을 받은 군대로 강력해진 나라들은 힘이 약한 나라를 점령하고 지배권을 획득하여 더 강력한 나라가 되어 갔어요. 세계 열강의 틈바구니 속에서 아무런 준비 없이 문만 닫아걸었던 조선은 이제 바람 앞에 흔들리는 촛불과 같이 위태롭기만 했어요.

수자기 퍼즐 맞추기

수(帥) 글자가 새겨진 어재연 장군의 대장기인 수자기는 구한말의 희귀한 군사 자료이며 역사적 · 학술적 가치를 가지고 있어요. 문화재 영구 반환 추진 결과 2007년부터 장기 대여의 형식으로 지금은 우리나라에서 보관하고 있어요. 어재연 장군의 수자기로 퍼즐을 만들어 맞춰 보세요. (활동 자료 5)

✤ 놀이 방법 ✤

① 퍼즐 수자기를 두꺼운 종이에 붙여서 자르세요.
② 마음대로 섞은 다음 퍼즐을 맞춰 보세요.

✤ 힌트 ✤

일본의 계략으로
불평등 조약을 맺었어요

✦✦ 강제로 맺은 불평등 조약, 강화도 조약 ✦✦

일본은 1854년 미국과의 수교를 시작으로 세계 여러 나라와 외교 관계를 맺었어요. 발전된 서양의 과학 기술을 받아들이며 빠른 속도로 성장했지요. 운요호는 일본이 영국에서 수입한 근대식 군함이에요. 일본은 운요호를 부산에 침투시킨 후 위협하고 으스대었어요.

운요호는 남해를 지나 강화도 앞바다까지 침투해 왔어요. 그러고는 작은 보트를 타고 강화도 초지진으로 다가왔어요. 경비를 서 있던 조선 수병은 일본군이 갑작스럽게 침투하자 포격을 가했어요. 일본군은 우리 수병의 포격을 기다렸다는 듯이 함포를 쏘아댔어요. 일본군의 갑작스런 상륙과 공격으로 조선 사람 35명이 죽고 공공건물과 민가가 불에 탔어요. 일본은 "운요호는 물을 구하려고 초지진에 갔던 것이오. 그런데 조선군이 갑자기 대포를 쏘는 바람에 할 수 없이 함포로 대응했던 것이오."라며 책임을 조선군에게 돌렸어요. 일본은 부산항을 군함으로 에워싼 후 "일본 대신을 강화도에 보낼 것이니 회담을 위해 대신을 보내시오. 그렇지 않으면 한성으로 쳐들어갈 것이오."라며 일방적으로 회담을 밀어붙였어요. 조선은 어쩔 수 없이 강화도에서 일본과 조약을 맺었어요. 그 조약이 바로 '강화도 조약'이에요. 회담이 있기 전 일본은 자기 나라의 기원절(건국기념일)을 축하한다면서 군함에서 대포를 마구 쏘아댔어요. 그야말로 강화도는 공포 분위기에 휩싸였지요.

조선은 강화도 조약으로 마침내 개항을 하게 되었어요. 국제법에 대한 경험과 지식이 없었던 조선 정부는 일본의 불평등한 요구를 그대로 수용한 조약을 체결하고 말았어요. 강화도 조약은 외국과 맺은 최초의 근대적 조약이지만 반강제로 맺은 불평등 조약이에요. 강화도 조약이 불평등한 까닭은 무엇일까요?

제7관 조선은 연해의 도서(島嶼)와 암초를 조사하지 않아 매우 위험하다. 일본국 항해자가 자유로이 해안을 측량하도록 허가한다.

제10관 일본 인민이 조선이 지정한 각 항구에 머무르는 동안 죄를 범한 것이 조선 인민에게 관계되는 사건일 때는 모두 일본국 관원이 심판한다.

제7관을 통해 일본은 '조선의 해안을 측량할 수 있는 권한'을 얻었어요. 이것은 한 나라의 영토에 대한 주권이 침해되었음을 뜻해요. 제10관에서는 조선 땅에서 일본인이 범한 범죄를 조선이 처벌할 수 없게 했어요. '치외 법

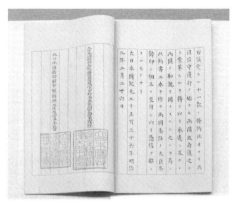

강화도 조약

권(외국인이 자신이 머무르고 있는 나라의 국내법을 지키지 않아도 되는 권리)'을 준 것인데, 이는 사법권이 침해되었음을 의미하지요. 이렇듯 강화도 조약은 한 나라의 주권을 침해하는 조항이 있는 불평등 조약이었어요. 더구나 군사적 위협 속에서 반강제적으로 맺어졌으니 우리 조선에게 유리한 조약이 되기 어려웠어요. 일본은 강화도 조약으로 한반도 침략의 첫걸음을 뗀 것과 마찬가지였어요.

불평등 조약을 맺은 나라 지도에서 찾기

일본과의 강화도 조약을 시작으로 조선은 준비 없이 서양 여러 나라들과 수호 통상 조약을 체결했어요. 서구 열강들의 야욕 속에서 우리 조선은 어떻게 해야 했을까요? 조선과 조약을 맺은 나라를 지도에서 찾아보고, 각 조약의 의미를 읽어 보세요.

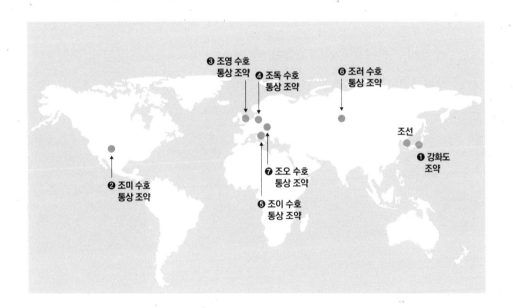

① 강화도 조약(1876년) : 일본

② 조미 수호 통상 조약(1882년) : 조선과 미국 사이에 맺은 조약으로 치외 법권을 인정한 불평등한 조약이에요.

③ 조영 수호 통상 조약(1883년) : 조선과 영국 사이에 맺은 조약으로 영국 군함이 조선의 항구 어디서나 정박하고 선원을 상륙할 수 있게 하며 연안 바다를 측량, 지도를 작성할 수 있게 한다는 내용이 포함되어 있어요.

④ 조독 수호 통상 조약(1883년) : 조선과 독일 사이에 맺은 조약으로 독일 국민이 조선에서 죄를 지을 경우 독일 법률에 의해 처벌한다는 규정을 명시하여 더 강화된 치외 법권 조항을 넣었어요.

⑤ 조이 수호 통상 조약(1884년) : 조선과 이탈리아 사이에 맺은 조약으로 조미 수호 통상 조약과 비슷한 불평등한 조약이에요.

⑥ 조러 수호 통상 조약(1884년) : 조선과 러시아 사이에 맺은 조약으로 영국, 독일이 체결한 조약과 비슷한 불평등한 조약이에요.

⑦ 조오 수호 통상 조약(1892년) : 조선과 오스트리아 – 헝가리 제국과 체결한 조약으로 조미 수호 통상 조약과 비슷한 불평등한 조약이에요.

3일 천하로 끝난 갑신정변

❖❖ 첫째 날 ❖❖

1884년 고종 21년 12월 4일 7시, 우리나라 최초의 우체국인 우정총국의 개국을 축하하는 연회가 열리고 있었어요. 연회에는 조정 대신들과 각국의 외교관들이 참석해 화기애애한 분위기였어요. 그런데 밤 10시경 어디선가 "불이야!" 하는 소리가 들려 왔어요. 무슨 일인가 알아보러 나갔던 대신 민영익이 피를 흘리며 들어와 쓰러졌어요. 연회장은 아수라장이 되었고 사람들은 흩어졌어요.

김옥균과 개화파 요인들은 즉시 고종이 머물던 창덕궁으로 달려갔어요. 이들이 창덕궁에 도착하자 계획한 대로 곳곳에서 화약이 터져 창덕궁은 공포 분위기에 휩싸였어요. 김옥균은 고종에게 "전하, 청나라 군대가 쳐들어

왔습니다. 어서 경우궁으로 피신하시옵소서." 하고 거짓 보고를 했어요. 그 말을 믿은 고종은 경우궁으로 피신했어요. 고종이 경우궁으로 피신하자 김옥균 일행과 이미 약속이 되어 있었던 일본 공사 다케조에가 일본군 200명을 이끌고 와서 경우궁을 포위했어요. 그리고 청나라를 따르던 수구파 신하들을 죽였어요. 이를 '갑신정변'이라고 해요. 개화파가 조선의 자주 독립과 자주 근대화를 추구하여 일으킨 정변이지요.

고종 어진

+ + 둘째 날 + +

정변을 일으킨 개화파는 자신들의 요구 사항이 담긴 개혁안을 발표했어요. 주요 내용은 청나라와 관계를 끊을 것이며 문벌과 양반 제도의 폐지, 특정 상인의 특권을 폐지한다 등이었어요. 그리고 주요 인사를 단행했는데 개화파 사람들을 영의정, 우의정과 같은 주요 자리에 임명했어요.

✦✦ 셋째 날 ✦✦

창덕궁으로 다시 돌아온 고종은 개화파의 개혁안을 토대로 개혁을 추진하라는 조서를 내렸어요. 바로 그때 "펑! 펑!" 무서운 포탄 소리가 창덕궁을 뒤흔들었어요. 일본과 결탁한 개화파를 반대했던 명성황후가 청나라에 도움을 요청했던 거예요. 청나라 군대가 창덕궁을 공격하자 일본군은 전세가 불리함을 깨닫고 철수해 버렸어요. 1500명의 청군을 당해 낼 수 없었던 개화파의 정변은 3일 만에 실패로 돌아가고 말았어요. 개혁을 주도했던 8명의 개화파는 일본으로 망명했으며 그 가족들은 역적으로 몰려 몰살되었어요. 갑신정변의 실패로 조선의 '개혁'은 더 멀어지게 되었으며 외세에 더욱 의존하게 되었어요.

✦✦ 갑신정변의 배경 ✦✦

개항 이후 하루빨리 조선을 개화(다른 나라의 발전된 문화와 기술을 받아들여 나라를 발전시켜 나가야 된다는 것)하여 잘사는 나라로 만들어야 한다는 주장은 두 가지로 갈라졌어요. 하나는 "청나라와의 관계를 유지하면서 서양의 기술을 받아들여야 한다."는 주장과 또 하나는 "청나라의 간섭을 물리치고 서양의 기술을 받아들여 개화해야 한다."는 주장이었어요. 갑신정변을 일으킨 김옥균 등의 급진파는 청나라의 간섭을 배제해야 한다고 생각했어요. 급진파는 일본의 힘으로 조선을 개혁하려 했지만 일본의 침략 의도를 파악하지

258

못한 것이 크나큰 실책이었어요. 더구나 한성의 백성들은 일본에 반감을 가지고 있었기 때문에 일본을 등에 업은 급진파의 개혁은 실패로 돌아갈 수밖에 없었어요.

갑신정변 보드게임

청나라와의 관계를 유지하면서 차근차근 서양의 기술을 받아들여야 한다는 온건파, 청나라의 간섭을 물리치고 나라 전체를 개혁해야 한다는 급진파! 여러분은 어떤 생각에 찬성하나요? 갑신정변의 상황을 생각하며 놀이를 해보아요. 김옥균을 비롯한 급진파는 14개 조항의 개혁안을 발표했는데요. 온건파 팀은 개혁안을 뺏는다고 생각하고 카드를 모으고, 급진파 팀은 개혁안을 모은다고 생각하며 놀이를 해보세요. 말 3개를 사용하여 끝에 도착할 때까지 개혁안 카드를 많이 모으는 팀이 이기는 놀이입니다.

✤ 준비물 ✤

보드게임판, 주사위 2개, 말 6개

급진파 말 김옥균 · 박영효 · 일본 군대

온건파 말 김홍집 · 명성 황후 · 청나라 군대

✤ 놀이 방법 ✤

① 가위바위보를 해서 이긴 팀이 먼저 출발해요. 온건파와 급진파의 출발 위치가 달라요.

② 주사위를 던져 나온 수만큼 말을 옮겨요. 개혁안 카드를 많이 획득하기 위해서는 말 3개를 효율적으로 활용해야 해요.

③ 급진파는 청나라 군대를 만나면 말이 죽고, 온건파는 일본 군대를 만나면 말이 죽어요.

④ 말 3개가 끝까지 도착했을 때 개혁안 카드를 많이 획득한 팀이 이겨요.

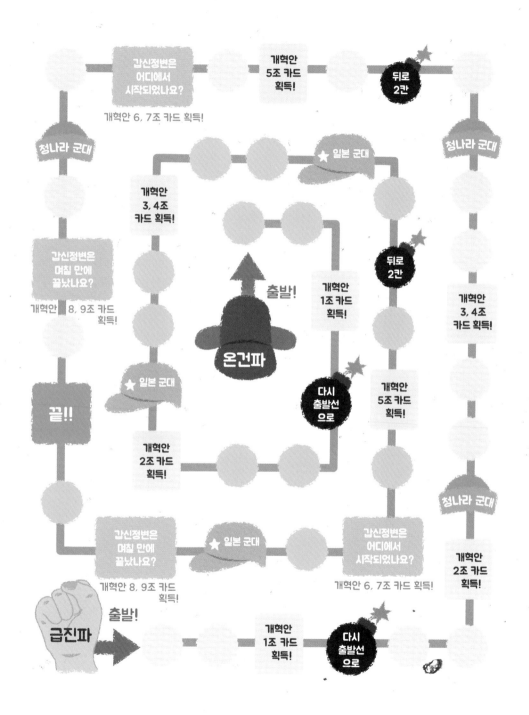

다음 내용을 2부 복사한 뒤 잘라서 사용해요.

1조

청에 잡혀간 흥선대원군을
곧 돌아오게 하며,
청나라에 행하던
조공의 허례를 폐지한다.

2조

문벌(대대로 전해 오는
신분이나 지위)을 폐지하여
인민 평등의 권리를 세워
능력에 따라 관리를 임명한다.

3조

지조법
(토지와 관련하여 세금을
매기는 세금법)을 개혁하여
관리의 부정을 막고
백성을 보호하며,
국가 재정을 넉넉하게 한다.

4조

내시부(궁중 안의 일을 돌보는
내시의 일을 관장하는 부서)를
폐지하고 그중에 재능 있는
자만을 등용한다.

5조

전후 간사한 관리와
탐관오리(부정부패한 관리)
가운데
현저한 자를 처벌한다.

6조

각 도의
환상미(흉년으로 빌린 쌀)를
영구히 받지 않는다.

7조

규장각을 폐지한다.

8조

급히 순사를
두어 도둑을 방지한다.

9조

혜상공국(보부상을
관리하기 위한 기관)을
혁파(없앰)한다.

✢ **정답** ✢

우정총국, 3일

녹두 장군 전봉준과 동학 농민 운동

"고부 군수 조병갑을 몰아내자!"

1894년 1월 11일 새벽 전라도 고부 관아에 농민들이 들이닥쳤어요. 전봉준과 농민들은 농기구를 들거나 대나무를 날카롭게 베어낸 죽창을 들고 관아를 점령했어요. 고부 군수 조병갑의 횡포에 견디다 못한 농민들이 들고일어났던 거예요. 전봉준은 창고에 쌓여 있던 곡식들을 꺼내어 공평하게 나눠 주고 감옥에 억울하게 갇혀 있던 사람들을 풀어 주었어요. 그동안 조병갑의 횡포에 억눌려 있었던 농민들의 마음이 뻥 뚫렸지요.

고종은 농민군이 고부 관아를 습격했다는 소식을 듣고 조병갑을 옥에 가두고 안핵사(지방의 문제를 해결하기 위해 파견된 벼슬)를 고부로 보냈어요. 하지만 농민들의 요구는 묵살되었고 분노한 농민들은 '동학 농민군'이 되어 '보국안민(輔國安民)'이라는 깃발을 들고 고부군 백산에 모였어요. 보국안민

263

은 '나라를 구하고 백성을 편안하게 한다.'라는 뜻이에요. 백산에 모인 동학 농민군은 수천 명이나 되었어요.

동학 농민군의 기세에 놀란 조정은 청나라에 동학 농민군을 진압해 달라고 요청했어요. 청나라 군대가 개입하니 일본도 이를 핑계로 조선으로 군대를 보냈어요. 전봉준과 동학 농민군 지휘부는 농민군 때문에 한반도가 청나라와 일본의 전쟁터가 될 수는 없다는 판단에 동학 농민군을 해산하기로 결정했어요. 그리고 청나라와 일본의 군대를 몰아내는 것이 우선이라고 생각하고 개혁안을 제시하며 정부와 휴전 협정을 맺었어요.

하지만 동학 농민군이 제시한 개혁안은 하나도 지켜지지 않았어요. 더구나 청나라와 일본은 조선에서 실권을 잡기 위해 한반도에서 전쟁을 벌였어요. 이것이 청나라도 아니고 일본도 아닌 조선에서 벌어진 '청일전쟁'이에요. 평양에서 벌어진 청일전쟁에서 승리한 나라는 일본이었어요. 이후 일본은 청나라 군대를 몰아낸 후 궁궐을 점령하고 고종을 감금하고 위협했어요. 1894년 동학 농민군은 '항일구국(抗日救國, 일본에 맞서 나라를 구한다)'이라는 깃발을 높이 들고 일어났어요.

동학 농민군은 일본 군대를 몰아내기 위해 한양으로 진격하다가 공주의 우금치라는 곳에서 연합군(조선 관군과 일분 군대)과 맞붙었어요. 흰옷을 입은 농민군은 가파른 고개를 물밀 듯 올라갔어요. 일본군의 최신 무기가 불을 뿜을 때마다 흰옷을 입은 농민군의 옷은 피에 젖으며 쓰러져 갔어요. 우금치 전투에서의 패배로 동학 농민군은 다시 일어서기 힘든 상태가 되었어요.

일본은 동학 농민군 지도자를 잡기 위해 현상금을 붙었어요. 전봉준은 농민군을 해산하고 훗날을 도모하기 위해 피해 다니고 있었어요. 그런데 부하였던 김경천이 현상금에 눈이 멀어 전봉준을 배신하고 밀고하는 바람에 붙잡히고 말았어요. 한양 의금부에 끌려오자마자 전봉준은 무수한 고문을 당해 죽고 말았어요.

전봉준 압송 사진

동학 농민 운동은 조선 봉건 사회를 개혁하고 외세를 몰아내어 자주적인 국가를 실현하고자 한 반봉건 반외세 운동이었어요. 동학 농민군의 꿈은 좌절되었지만 그 꿈은 민중들의 가슴 속에 남아 후세에 전해지고 있어요.

〈새야새야 파랑새야〉 가사 바꾸어 부르기

〈새야새야 파랑새야〉라는 노래를 들어 본 적 있나요? 녹두 장군 전봉준과 동학 농민군을 기리며 부르는 노래예요. 전봉준을 아끼는 백성들이 그에게 녹두 장군이라는 별명을 붙여 주었는데요. 전봉준의 키가 아주 작아서 붙은 별명이에요. 이 노래에서 파랑새는 일본군을 나타내고 청포 장수는 조선의 백성들을 가리켜요. 녹두꽃이 떨어졌다는 말은 전봉준과 동학 농민군이 싸움에서 졌다는 것을 뜻해요. 백성들이 눈물을 흘렸다는 것으로 보아 전봉준과 동학 농민 운동이 백성들의 지지를 얻고 있었다는 것을 알 수 있어요. 그 당시 농민들의 마음을 생각하며 노래를 따라 불러 보고 가사를 바꿔 보세요.

✦ 놀이 방법 ✦

다음 동영상을 보며 노래를 따라 불러 보세요.

새야새야 파랑새야 녹두밭에 앉지 마라
녹두 꽃이 떨어지면 청포 장수 울고 간다

가사를 자유롭게 바꿔 보세요.

1897년	●	대한제국 수립
1905년	●	을사늑약
1909년	●	안중근 의사 이토 히로부미 사살
1910년	●	한일병탄조약 체결, 일제 강점기 시작
1919년	●	3.1 만세 운동
1932년	●	윤봉길 의사 홍구 공원 의거
1945년	●	광복

<6장>

일제의 침략과
수탈을 이겨 낸
우리 민족

· 일제시대 ·

강제로 맺은 불평등 조약, 을사늑약은 무효예요

도대체 무슨 일이 일어나려는 것일까요?

1905년(을사년) 11월 17일 덕수궁 중명전은 일본 군대에 포위되어 공포 분위기가 감돌고 있어요. 일본에서 대사 자격으로 온 이토 히로부미는 우리나라의 외교권을 일본에게 넘기는 조약을 체결하기 위해 고종을 위협하고 조정 대신들을 강요하고 있어요. 러시아, 영국, 미국 등 주변 국가들은 일본의 눈치를 보며 자기 나라의 이권만 챙기기 바빠요.

"폐하! 빨리 이 조약에 옥새를 찍으시지요!"

"아니 어떻게 이런 조약을 내가 수락한단 말이오! 절대 그럴 수 없소."

"폐하께서 이 조약을 받아들이지 않는다면 어떤 불행이 닥칠지 장담할 수 없습니다!"

고종이 끝까지 거부하자 조정 대신들을 회유하고 협박하기 시작했어요.

결국 조정 대신 8명 중에서 5명(이완용, 이근택, 이지용, 박제순, 권중현)이 찬성하면서 조약은 체결되고 말았어요. 우리의 역사에서는 조약 체결에 찬성한 5명의 대신들을 '을사오적'이라 부르며 민족의 적으로 규정하고 있어요.

이 조약은 을사년에 체결되었다고 하여 을사조약, 을사협약, 또는 을사5조약이라고도 하지만, 강압적으로 이루어진 데다가 불평등한 조약이어서 '을사늑약'으로 불립니다.

조약과 늑약의 차이점을 아시나요? 나라 사이에 여러 가지 이유로 맺게 되는 약속을 '조약'이라고 해요. 늑약은 힘이 강한 나라가 약한 나라를 지배하기 위해 강압적으로 맺는 약속을 말해요.

을사늑약이 강제로 체결된 후 한국에 있던 외국 공사관들은 모두 철수하고 일본 통감부가 설치되었어요. 초대 통감은 이토 히로부미였지요. 이때부터 통감부는 대한제국에 대한 통치를 시작하면서 우리의 국권을 하나하나 빼앗기 시작했어요. 고종은 을사늑약이 부당하며 무효임을 여러 나라에 알리기 위해 밀서를 보내는 등 많은 노력을 기울였지만 국제적으로 인정받지 못했어요. 1965년에 와서야 한일 국교를 정상화하는 과정에서 을사늑약이 '무효'임을 상호 확인했어요.

을사늑약이 체결되고 온 나라가 일본에 대한 분노로 들끓었어요. 수많은 대신들이 잇달아 목숨을 끊으면서까지 부당함을 알렸고 저항했어요. 전국 각지에서는 일

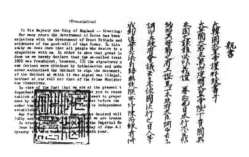

을사늑약이 무효임을 알리는 고종 친필 문서

본에 항거하는 의병들이 쓰러져가는 나라를 구하기 위해 일어났어요. 안중근 의사는 을사늑약의 주범 이토 히로부미를 저격하기도 했지요. 그러나 결국 1910년 경술년에 통치권을 일본에게 양여한다는 '한일병탄조약'이 강제로 체결되면서 대한제국은 멸망하게 되지요.

변호사가 되어 을사늑약 무효 주장하기

영상을 통해 조약을 살펴보고 을사늑약이 무효인 까닭을 적어 보세요. 대한제국에 대한 일본의 침략 야욕을 살펴볼 수 있어요.

 을사늑약이 무효임을 주장한 헐버트 대사

 을사늑약의 체결 과정과 조약이 무효인 이유

✦ 예시 ✦

을사늑약이 무효인 이유

　첫째, 조약이 체결되는 과정이 강압적이었다는 거예요. 총칼로 무장한 일본군들이 궁궐을 포위한 상황, 즉 목숨까지 위협받던 상황에서 조약이 강요되었기 때문에 조약으로서 인정받을 수가 없는 것이지요. 둘째, 이 조약에는 외무대신이었던 박제순과 일본 공사 하야시의 도장만 찍혔는데 이 두 사람은 양국 통치권자의 위임 절차를 밟지 않았어요. 셋째, 고종은 을사조약을 승인한 일이 없었다는 거예요. 고종의 친필 사인이나 국새도 찍혀 있지 않은 문서였기 때문에 조약으로서의 효력이 발생할 수 없는 것이지요. 고종은 끝까지 을사늑약 무효임을 공식 선언하고 거부하다가 1907년 일본에 의해 황제 자리에서 강제로 끌어내려졌어요.

을사늑약은 무효입니다!

첫째,

_____

_____

_____

둘째,

_____

_____

_____

셋째,

_____

_____

_____

나라를 구하려는
의병들의 피, 땀, 눈물

"형님! 우리 집에 가서서 이야기나 나누시
지요!"

신돌석 장군의 사촌들은 신돌석을 자신의
집으로 데리고 갔어요. 신돌석 장군은 이들을
믿었기에 아무 의심 없이 따라갔어요. 그들은
신돌석이 잠든 사이에 도끼로 내리쳐서 죽였
어요. 신돌석 장군에게 붙은 거액의 현상금을
받기 위해서였어요. 이때 신돌석 장군의 나이
는 겨우 31세였어요.

신돌석 동상

신돌석 장군에게 거액의 현상금이 붙은 까닭은 무엇이었을까요? 그는 대

프레데릭 매켄지가 촬영한 무장한 의병

한제국 최초의 평민 출신 의병장이에요. 그때까지 의병장은 주로 양반이 맡았어요. 그래서 평민 출신인 신돌석 장군이 의병장이 되어 일본군과 맞서 싸우며 나라를 구하는 모습은 평민들에게 항일 민족 정신을 더욱 북돋웠어요.

신돌석 장군은 경상도, 강원도 일대를 신출귀몰하게 넘나들며 유격전으로 일본군의 간담을 서늘하게 했어요. 그를 존경하고 사랑했던 백성들은 '백두산 호랑이'라는 별명을 그에게 붙여 주었지요. 신돌석 장군은 일제에 의해 다 쓰러져가는 대한제국 백성들에게 희망의 상징이었어요.

일본군의 신무기에 비해 의병들이 가진 무기들은 보잘것없었어요. 의병이 된다는 것은 가족을 포기하고 목숨을 내놓는 일이었지요. 그 당시 대한제국을 방문한 종군 기자 프레데릭 매켄지가 의병을 취재하여 『자유를 위한 한국인의 투쟁(Korea's Fight for freedom)』이라는 책에 남겼는데요. 그 책에는 의병들이 가진 무기가 얼마나 형편없었는지 기록돼 있어요. 여섯 명이 가지고 있는 총 중에 다섯 개가 제각기 다른 종류였으며 어느 것 하나 멀쩡한 것이 없었다고 해요. 그러나 의병을 인터뷰한 내용을 보면 그들의 허름한 옷차림과 무기와 상관없이 항일 투쟁 정신과 기백이 넘쳐흘러요.

"우리는 어차피 죽게 되겠지요. 그러나 좋습니다. 일본의 노예가 되어 사느니 자유민으로 죽는 것이 훨씬 낫습니다."

의병의 항일 투쟁은 일제 강점기 독립운동으로 이어져 우리 민족이 국권을 회복할 수 있는 커다란 뿌리가 되었어요.

신돌석 장군 캐리커처 그리기

우리 백성들에게 독립의 의지를 심어 준 평민 출신의 의병장, 신돌석 장군의 캐리커처를 그리거나 만들어 보세요. 백두산 호랑이라는 별명에 맞게 호랑이도 같이 그려 넣어도 좋아요. 신돌석 장군의 캐리커처를 그려 보면서 그분의 숭고한 독립 정신과 희생정신을 기억하는 시간을 가져 보아요.

✣ 준비물 ✣

A4 종이, 색연필

✣ 놀이 방법 ✣

① 신돌석 장군의 초상화를 참고하여 특징을 찾아보세요.

    (예를 들어 상투를 튼 머리와 흰 머리띠, 큰 칼과 호랑이 가죽으로 만든 조끼)

② 강조할 부분은 크게 그리고 나머지 부분은 작게 그려요.

신돌석 장군의 초상화

캐리커처 예시

자유롭게 그려 보세요.

독립운동가들은 일본의 탄압이 무섭지 않았을까요?

✦✦ 안중근 의사가 총알 한 발을 남긴 까닭은? ✦✦

"탕, 탕, 탕."

1909년 10월 26일 오전 9시 30분, 하얼빈역은 총성으로 아수라장이 되었어요. 기차에서 막 내린 이토 히로부미는 안중근 의사가 쏜 총을 맞고 그 자리에서 쓰러졌어요. 안중근 의사는 이토 히로부미를 저격한 다음 수행 비서관을 비롯한 세 명에게도 총을 쐈는데요. 이토 히로부미를 사진으로만 확인했기 때문에 거사를 확실히 하기 위해서였다고 해요. 총격 후 안중근 의사는 품에서 태극기를 꺼내 들고 러시아어로 "코레아 우라!"라고 외쳤어요. 이 말은 "대한민국 만세!"라는 뜻이에요.

안중근 의사가 사용한 총에는 모두 일곱 발의 총알이 들어 있었어요. 안중근 의사는 여섯 발만 쏘고 한 발은 남겨 두었는데요. 왜 그랬을까요?

안중근

고종과 조정 대신들을 위협해서 강제적으로 우리의 외교권을 빼앗은 자가 바로 이토 히로부미였어요. 초대 통감을 지내면서 대한제국을 일본의 식민지로 만드는 데 총력을 기울인 민족의 원흉이었지요. 안중근 의사는 이토 히로부미를 저격한 것이 결코 한 개인의 원한에 의한 테러가 아니라 민족의 원수 처단이며 자유 독립의 의지임을 알리기 위해 총알 한 발을 남긴 것이라고 해요.

안중근 의사에게 사형이 선고된 날은 2월 14일이에요. 우리가 발렌타인데이로 더 많이 기억하는 날이지요. 안중근 의사의 사형은 3월 26일에 집행되었어요. 그의 나이 32세였지요. 안타까운 것은 해방이 되고 110년이 지난 지금도 안중근 의사의 유해를 고국으로 모셔 오지 못했다는 사실이에요. 사형이 집행되고 가족이 시신을 찾으러 갔으나 일본은 돌려주지 않았어요. 한국의 국민들에게 끼칠 안중근 의사의 영향력이 두려웠던 것이지요. 현재 안중근 의사 사형 집행 후의 기록도 모두 불타거나 사라져서 유해가 어디에 묻혀 있는지조차 알 수 없다고 해요.

✦✦ 재산을 바쳐 독립군을 키우다 ✦✦

영화 30도를 웃도는 매서운 겨울, 이회영과 6형제는 60여 명에 달하는 대가족을 이끌고 압록강을 건너 만주로 향했어요. 이회영의 집안은 대대로 벼슬을 지낸 명문가로 재산도 열 손가락 안에 들 정도로 많은 부자였어요. 일본의 심기만 건드리지 않으면 얼마든지 조국에서 떵떵거리며 편안하게 살수 있었는데도 이회영과 형제들이 만주로 망명한 까닭은 무엇일까요?

그들이 조국을 떠난 해는 1910년 한일병탄조약이 체결된 해였어요. 일제 강점기가 시작된 것이지요. 이회영과 형제들은 한반도에서는 일본의 감시와 탄압이 심해 나라의 독립을 위해 일을 하는 것이 어렵겠다고 판단했어요. 그래서 자신들이 가진 부와 명성을 모두 포기하고 오직 나라의 독립을 위해 만주로 떠난 것이었어요.

이회영

이회영과 형제들은 급하게 한반도를 떠나는 바람에 제값을 받지 못하고 재산을 처분해야 했어요. 그 가치를 오늘날 기준으로 환산하면 600억 원이나 된다고 해요. 그들은 만주에 정착한 후 독립운동에 지원을 아끼지 않았는데요. 이회영은 신흥무관학교를 세워서 독립투사를 양성했는데 1911년부터 1920년까지 배출한 졸업생이 3000여 명이나 되었어요. 그 졸업생들은 청산리 전투와 봉오동 전투 등에서 승리를 거두며 일본군의 간담을 서늘하게 했지요. 그러나 8년이 지나자 그 많던 재산이 바닥났고 이회영의 가족들은 제때 밥도 먹을 수 없을 정도로 고생했어요.

전 재산을 독립운동에 바친 이회영과 형제 중에 해방을 맞이한 사람은 이시영 한 사람밖에 없었어요. 이건영, 이철영은 병으로 죽고 이석영은 굶어 죽었으며 이호영 가족은 일제에 의해 몰살되었어요. 이회영은 일본군의 혹독한 고문 끝에 65세의 나이로 순국했어요.

✦✦ 임시 정부의 존재를 세상에 알리다 ✦✦

1932년 4월 29일, 윤봉길 의사는 홍구 공원으로 향했어요. 홍구 공원에서는 일본 천황의 생일 연회와 상해 점령을 기념하는 행사가 계획되어 있었어요. 수많은 사람들이 기념 행사에 참석하기 때문에 일제는 개인 도시락과 물통을 지참해야 한다는 공고를 붙였어요. 철통같은 보안을 뚫어야 했던 윤봉길 의사에게는 정말 반가운 소식이었어요.

윤봉길

도시락과 물통으로 위장한 폭탄을 들고 윤봉길 의사는 행사장 앞쪽에 자

윤봉길 상해 폭탄의거 현장 모습

리를 잡았어요. 11시 50분 일본의 국가인 기미가요가 울려 퍼지자 윤봉길 의사는 가지고 있는 물통 폭탄을 단상을 향해 힘차게 던졌어요. 그런 다음 도시락 폭탄을 꺼내 자결을 시도했어요. 하지만 일본 헌병들에게 붙잡히고 말았지요. 윤봉길 의사는 가슴에서 태극기를 꺼내 들고 "일본 제국주의를 타도하자!"라고 외쳤어요.

　윤봉길 의사가 던진 물통 폭탄으로 상해에 파견되었던 총사령관을 비롯한 6명의 일본인 사상자가 발생했어요. 이 사건으로 상해에 있던 임시 정부의 존재가 세계에 알려지게 되었으며 중국 정부의 지원을 받아 독립운동을 더욱 활발하게 펼칠 수 있게 되었어요. 중국의 지도자 장개석은 "중국의

100만이 넘는 대군도 해내지 못한 일을 조선인 청년 윤봉길이 해냈다."며 칭찬을 아끼지 않았어요.

이 사건은 일본인들에게는 엄청난 충격이었어요. 그래서 윤봉길 의사에게 온갖 악랄한 고문으로 분풀이를 했어요. 결국 윤봉길은 사형을 선고받고 일본으로 끌려가 12월 19일 아침 총살형으로 생을 마감했어요. 그때 그의 나이 겨우 25세였다고 해요. 윤봉길 의사의 시신은 2미터 깊이의 구덩이에 봉분도 없이 매장되었는데 사람들이 많이 지나다니는 길목이었어요. 일본인들이 오며 가며 윤봉길 의사의 무덤을 밟고 지나다녔을 것을 생각하니 참 가슴 아프지요. 광복 후 김구 선생은 윤봉길 의사의 유해를 수습하여 해방된 조국의 땅에서 편히 쉬게 하였답니다.

독립운동 자금 전달 미션

퀴즈를 풀고 미션을 수행하면서 독립운동 자금을 획득해 보세요. 일본의 감시와 탄압 속에서 독립운동을 하는 것은 정말 어려운 일이었어요. 독립운동을 하다가 일본 경찰에게 들키는 날에는 자신뿐만 아니라 가족들까지 몰살당하거나 끌려가서 모진 고문을 받아야 했어요. 이 놀이를 하면서 자신과 가족의 목숨까지 모든 것을 걸었던 독립투사들을 생각하는 시간을 가져 보세요.

✦ 준비물 ✦

주사위, 한반도 말판, 제비 뽑기통(퀴즈와 미션을 잘라 내용이 보이지 않도록 꽂아 놓아요), 말 2개(세워지는 작은 물건), 오른쪽 예시처럼 숫자가 3까지만 있는 주사위

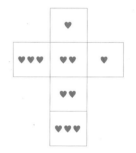

✦ 놀이 방법 ✦

① 가위바위보로 순서를 정해요. 출발지는 제주도예요.

② 이긴 사람이 먼저 주사위를 굴려 말을 놓은 후 제비뽑기 통에서 제비를 하나 뽑아 퀴즈를 풀거나 미션을 해결해요.

③ 퀴즈를 풀거나 미션을 수행하면 자금 확보!

④ 일본 경찰을 만나면 다 뺏기고 다시 처음으로 되돌아가야 해요.

⑤ 먼저 도착하거나 제한 시간 내에 가장 많이 모은 사람이 이겨요.

퀴즈와 미션이 담긴 제비는 〈활동 자료 6〉을 확인하세요.

1	하얼빈역	1만 원
2	대한민국 만세	1만 원
3	2월 14일	1만 원
4	×	1만 원
5	한일병탄조약	1만 원
6	만주	1만 원
7	신흥무관학교	1만 원
8	청산리 전투, 봉오동 전투	1만 원
9	3000여 명	1만 원
10	홍구 공원	1만 원
11	물통	5만 원
12	25세	5만 원
13	일본 제국주의를 타도하자	5만 원
14	개인의 원한에 의한 테러가 아니라 민족의 원수에 대한 처단임을 알리기 위해	5만 원
15	"탕, 탕, 탕." 손가락 총을 세 번 쏜 후 "코레아 우라!" 외치기-미션 수행!	5만 원
16	장개석	5만 원
17	을사늑약을 체결한 민족의 원수이기 때문에	5만 원

끝!

일본 경찰

일본 경찰

일본 경찰

출발!

전국에 울려 퍼진
"독립 만세"의 외침

일제는 조선을 점령한 후 폭력적으로 조선을 통치했어요. 헌병을 경찰보다 많이 두어 조선 백성들의 인권을 유린하였으며 독립군뿐만 아니라 민간인까지 학살했어요. 조선의 토지나 그 생산물들이 일본의 국민들을 위해 사용되었고 백성들의 삶은 날로 힘들어져 갔어요.

일제의 폭력과 억압에 대한 불만이 커져 갈 무렵 갑작스러운 고종 황제의 사망 소식은 백성들의 분노에 기름을 붓는 계기가 되었어요. 고종이 일제에 의해 독살되었다는 소문이 퍼지면서 일제의 무단 통치를 어서 빨리 끝내야겠다는 의지가 불타오른 것이지요. 1919년 3월 1일 탑골공원에서 시작된 3.1운동은 3월부터 5월까지 전국적으로 수천 회의 만세 운동으로 커졌어요.

유관순은 3.1 운동이 일어나던 날 이화학당 고등과 1학년 학생이었어요.

이화학당의 교사들이 만세 운동에 참가하지 못하도록 교문을 걸어 잠그고 막았지만 유관순은 몇몇 친구들과 학교 담을 넘어서까지 운동에 참가했어요. 이후 이화학당이 임시 휴교하자 고향인 천안으로 내려갔어요. 천안에 온 유관순은 서울의 만세 운동 상황을 전하며 가족들과 아우내 장날에 만세 운동을 하기로 계획했어요.

4월 1일, 아우내 장터에 모인 많은 사람들이 만세 시위를 시작했어요. 일본 헌병들은 무자비하게 총칼을 군중들에게 휘둘렀어요. 이 과정에서 유관순의 어머니, 아버지가 총에 맞아 그 자리에서 죽고 말았어요. 유관순은 시위대의 맨 앞에 서서 힘차게 독립 만세를 외치다가 주동자로 잡혀 끌려갔어요. 일본은 유관순이 미성년자라서 수사에 잘 협조하면 선처해 주겠다고 했어요. 하지만 유관순은 이를 거부하고 당당하게 조국의 독립을 외쳤지요.

유관순은 재판을 통해 징역형을 선고받고 서대문 형무소에서 복역하게 되었어요. 감옥에서도 유관순의 독립운동에 대한 의지는 꺾일 줄 모르고 계속되었어요. 감옥에 있는 동지들을 규합하여 때때로 만세 시위를 주도하는 바람에 감옥에서도 제일 열악하다는 지하 감옥에 갇혀 상상도 하기 힘든 고문을 받아야 했어요.

결국 1920년 9월 28일 출소를 겨우 3개월을 남기고 숨을 거두었어요. 유관순의 그때 나이 향년 18세였으니 정말로 젊고 아까운 목숨이 나라의 독립을 위해 스러진 것이지요.

최근에 '3.1 운동 피살자 명부'가 발견되었는데 유관순의 사인이 '3.1 독립 만세운동으로 인하여 왜병에 피검돼 옥중에서 타살 당함'이라고 기록되어 있었어요. 유관순의 죽음이 타살이라는 기록을 통해 일본이 유관순을 어떻

서대문 형무소에 수감될 때의 유관순

3·1 운동 당시 태극기를 대량으로 찍어
내기 위해 사용한 태극기 목판도

게 대했는지를 알 수 있어요. 더욱 안타까운 것은 유관순의 유해도 안중근 의사의 유해처럼 일본이 훼손하여 찾을 수가 없다고 해요. 그래서 현재 유관순의 무덤에는 시신이 없는 석관만 있어요.

태극기와 함께하는 역사 여행 놀이

처음 태극기는 어떤 모양이었을까요? 1882년 조선이 미국과 조약을 체결할 때 8괘 모양의 태극기가 처음 사용되었어요. 4괘 태극기가 등장한 것은 박영효가 고종의 명으로 일본으로 가던 배 안이었어요. 이후 태극기의 모양은 조금씩 바뀌었어요. 태극의 모양과 4괘의 위치가 통일되지 않아 다양한 형태로 사용되었지요.

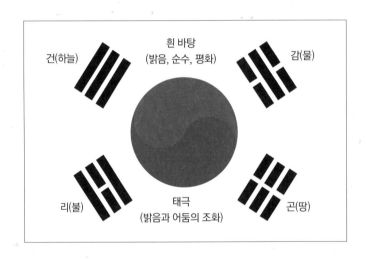

오늘날 사용되고 있는 태극기의 의미를 살펴볼까요? 가운데에 있는 태극 문양은 음(파랑)과 양(빨강)의 조화를 나타내고 있어요. 우주의 생성 원리가 음양의 조화에 의한 것이라는 대자연의 진리를 태극 문양이 상징하고 있어요. 흰색 바탕은 밝음과 순수를 상징하며 우리의 민족성을 나타내요. 네 모서리에 있는 것을 4괘라고 하는데 건은 하늘을, 곤은 땅을, 감은 물을, 리는 불을 상징합니다. 태극을 중심으로 4괘는 조화를 이루고 있어요. 이와 같이 태극기는 조화와 통일, 평화를 사랑한 우리 민족성과 세계관을 품고 있어요.

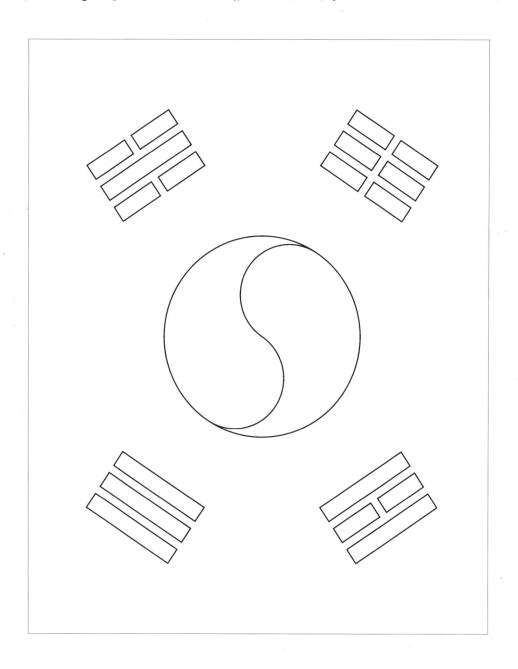

독립운동가들은 광복을 마냥 기뻐할 수 없었어요

✦✦ 독립군의 삶이 담겨 있는 『제시의 일기』 ✦✦

여러분은 『안네의 일기』에 대해 들어본 적 있나요? 안네는 독일 출신의 유대인 소녀예요. 안네는 가족들과 나치의 박해를 피해 숨어 살면서 열세 살 생일 선물로 받은 일기장에 일기를 썼어요. 안네가 나치에 끌려갈 때까지 2년 동안 쓴 일기에는 나치의 눈을 피해 숨죽여 살았던 힘든 생활이 고스란히 담겨 있어요.

우리나라에는 일제 강점기 치하에서 삶을

대한민국 임시 정부 수립
100주년 특별판

살아낸 독립군이 쓴 『제시의 일기』가 있어요. 제시의 일기는 대한민국 임시 정부에서 독립운동을 했던 양우조, 최선화 부부가 딸 '제시'를 낳고 기르며 쓴 육아일기예요.

1938년부터 1946년까지 8년간 쓴 일기로 중국에 있던 임시 정부가 일본 공군기의 공습을 피해 광주, 유주, 기강, 중경으로 이동한 과정과 독립운동 가들의 생활 그리고 해방의 감격을 생생하게 전해 주고 있지요.

> "세상은 밤을 새워가며 미칠 듯이 좋아라고 야단을 한다. 그러나 웬셈인지
> 우리나라 사람들은 나와 같은 맘인지 다들 멍하여 가지고 정신을 못 차리고
> 있는 것이다."

해방의 날, 그것이 사실인지 실감이 나지 않았기 때문이었을까요? 『제시의 일기』에는 그렇게도 그리던 해방의 순간을 이렇게 담담하게 기록하고 있어요. 『제시의 일기』를 통해 우리들은 독립운동가들의 숭고한 삶을 오롯이 느낄 수 있어요.

✦✦ 상해에 임시 정부를 세운 까닭은? ✦✦

1919년 3월 1일 만세 운동은 일제의 감시를 피해 만주에서 독립운동을 펼치던 독립투사들에게 큰 힘이 되어 주었어요. 산발적으로 독립운동을 했던 투사들은 힘을 하나로 모아야 한다는 것에 뜻을 같이 했어요. 그래서 상

상해 임시 정부

해에 임시 정부를 수립하게 되었어요. 처음 상해에서 시작한 대한민국 임시 정부는 민주 공화국을 표방하고 입법, 사법, 행정이 분리된 3권 분리 제도를 채택했어요. 민주 공화국은 국민이 주인인 나라를 말해요. 우리나라의 민주주의는 이때 시작된 것이지요.

대한민국 임시 정부의 탄생으로 독립운동은 조직적이며 활발하게 전개되었어요. 초기에는 독립신문을 발행하여 애국심을 고취하였고 세계 여러 나라에 독립 활동을 선전했어요. 국내에 비밀 행정 조직망인 연통제를 조직하여 국내외 독립운동을 지원했어요. 임시 정부에서 일하던 김구는 더욱 적극적으로 항일 투쟁을 전개하기 위해 한인 애국단을 조직했어요. 한인 애국단을 통해 이봉창 폭탄 의거, 윤봉길 의거가 계획되어 실행되었으며 이를 계기로 중국 정부의 지원을 받게 되었어요.

또한 한국 광복군을 창설하여 연합군의 일원으로 제2차 세계 대전에 참전하여 대한민국의 독립을 위해 싸웠어요. 임시 정부는 한국 광복군과 미군의 공동 작전을 통해 한반도에서 일본군을 몰아내기 위해 서울 진공 작전을 계획하였어요. 이를 위해 3개월 동안 피나는 훈련을 했어요. 그러나 1945년 8월, 한국 광복군이 서해안 침투 준비를 다 마치고 진격하기 직전에 일본이 항복하면서 뜻을 이루지 못했지요.

✦✦ 일본의 항복과 8.15 광복 ✦✦

제2차 세계 대전 중 일본은 태평양 전쟁을 일으켰어요. 연합군은 계속된 패배로 국력이 약해진 일본이 스스로 전쟁을 끝내기를 바랐으나 일본 제국은 끝까지 싸울 것을 고집하였어요. 일본의 항복을 받기 위해 히로시마와 나가사키에 원자 폭탄이 투하되었어요. 결국 일본은 1945년 8월 15일 항복을 선언했어요. 이날을 우리는 광복절로 기념하고 있지요. 우리 민족이 해방을 맞이했는데도 김구 선생은 민족의 앞날을 걱정했어요. 우리의 힘으로 독립을 이루지 못하고 미국의 주도로 이루어진 해방인 데다가 대한민국 임시 정부가 국제적으로 인정받지 못하는 상태로 맞은 해방이었기 때문이요. 김구 선생의 걱정대로 우리 민족은 두 동강 나는 비극을 맞게 되지요.

우리 지역 독립운동가 찾기

검색창에 '○○시, 또는 ○○○도의 독립운동가'를 입력해서 우리 지역의 독립운동가를 조사해 보세요. 미처 알지 못했던 우리 지역의 독립운동가들이 많다는 사실에 놀랄 거예요. 독립운동을 하느라 가족의 생계를 돌보지 않았기 때문에 독립운동가 후손 중에는 힘들게 살아오신 분들이 많아요. 지금이라도 그 분들의 이름을 찾아보며 그 희생정신을 기리고 존경을 표해야 하는 것이 후손들의 도리가 아닐까요?

✦ 예시 ✦

정답 & 활동 자료

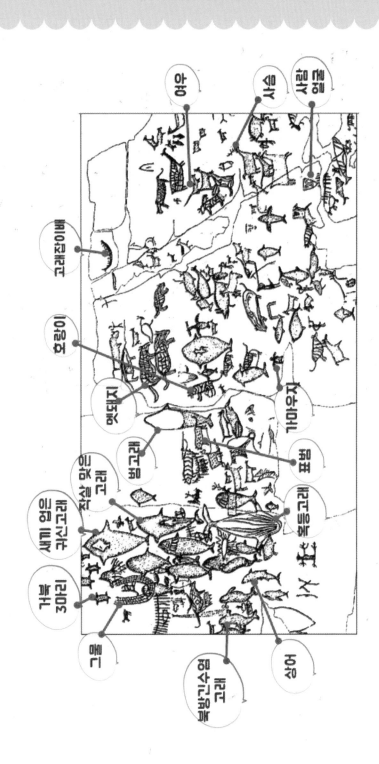

〈34쪽 | 신석기시대 암각화 속 숨은그림찾기_정답 ❶〉

새끼 업은
고래

큰 고래
작은 물개

작은 물개

멧돼지

호랑이

고래잡이배

곰

상어

사슴

헤엄치는
사슴

고래

가마우지

표범

웅크린
호랑이

가축
3마리

매

상어

목이긴새와
작은 고래

〈100쪽 | 삼국 통일 전쟁 O, X 퀴즈_정답 ❷〉

백제에는 화랑 제도가 있었다.	X
제일 먼저 항강 유역을 차지한 나라는 백제다.	O
백제의 계백 장군이 나당 연합군을 맞아 싸운 곳은 황산벌이다.	O
고구려 을지문덕 장군은 요동성에서 수나라를 물리쳤다.	X
백제의 의자왕은 사비성이 함락되자 자결했다.	X
임신서기석에는 고구려 청년들의 맹세가 새겨져 있다.	X
삼국을 통일한 나라는 신라다.	O

〈110쪽 | 삼국의 문화유산 낱말퍼즐_정답 ❸〉

		성						사						
		덕						임	신	서	기	석		
무	구	정	광	대	다	라	니	경		도			굴	
령		왕										암		
왕		신												
릉		종		안	악	3	호	분			석			
							황			가				
					황	룡	사	9	층	목	탑			
	금													
금	동	연	가	7	년	명	여	래	입	상		강		
	대											서		
	향											대		
	로								진	묘	수			
									흥					
				광	개	토	대	왕	릉	비				
								순						
								수						
								비						

〈221쪽 | 인조가 보낸 비밀 편지 암호 풀기_정답 ❹〉

스무날 새벽 5시

산성 서문으로 집결하라

〈234쪽 | 수원 화성 낱말퍼즐_정답 ❺〉

규	장	각						무
	용							예
	영	조		화	성	능	행	도
		화						보
	화	성	성	역	의	궤		통
		행						지
	혜	경	궁	홍	씨			
					정	약	용	
					조			

북한산
진흥왕순수비

창녕 진흥왕순수비

마운령 진흥왕순수비　　황초령 진흥왕순수비　　광개토대왕릉비　　중원 고구려비

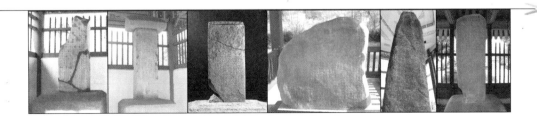

관심법 	신 검	금산사 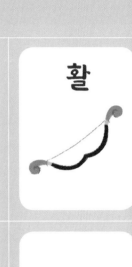	활 
화 살 	견 훤	후백제	완산주
궁 예 	미륵불 	후고구려	태 봉
통일 신라	경순왕	경애왕	포석정 

〈고기 잡이〉

〈고누 놀이〉

〈기와 이기〉

〈논갈이〉

〈대장간〉

〈빨래터〉

〈주막〉

〈활쏘기〉

가로로 잘라서 쓰세요.

1	안중근 의사는 어디에서 이토 히로부미를 저격했나요?
2	'코레아 우라'는 무슨 뜻인가요?
3	안중근 의사의 사형 선고일은 언제였나요?
4	안중근 의사의 유해는 한국으로 돌아왔나요?(○, ×)
5	1910년 이 조약으로 한반도는 일제 강점기가 시작되었어요. 무슨 조약일까요?
6	가진 재산을 모두 처분한 후 이회영 가족은 어디로 망명했나요?
7	이회영이 만주에 세운 학교 이름은 무엇인가요?
8	독립 투사들이 일본과의 전투에서 크게 승리한 전투는 무엇인가요?
9	신흥무관학교에서 배출한 졸업생은 몇 명 정도 되었나요?
10	윤봉길 의사는 어디에서 폭탄을 던졌나요?
11	윤봉길 의사가 던진 폭탄은 도시락인가요? 물통인가요?
12	윤봉길 의사가 총살형을 받았을 때의 나이는 몇 살이었나요?
13	윤봉길 의사는 폭탄을 던진 후 태극기를 꺼내 들고 무엇이라고 외쳤나요?
14	안중근 의사가 총알 한 발을 남긴 까닭은 무엇인가요?
15	"탕, 탕, 탕." 손가락 총 세 번 쏜 후 "코레아 우라!" 하고 외치세요.
16	윤봉길 의사의 의거에 감탄하여 임시 정부에 지원을 결정한 중국 지도자는 누구인가요?
17	안중근 의사는 왜 이토 히로부미를 저격했나요?

사진 자료

초등 한국사 놀이북

초판 1쇄 인쇄 2021년 6월 7일
초판 4쇄 발행 2023년 3월 20일

지은이 오정남 **펴낸이** 김종길
펴낸 곳 글담출판사 **브랜드** 글담출판

기획편집 이은지 · 이경숙 · 김보라 · 김윤아 **영업** 성홍진
디자인 손소정 **마케팅** 김민지 **관리** 김예솔

출판등록 1998년 12월 30일 제2013-000314호
주소 (04029) 서울시 마포구 월드컵로8길 41 (서교동 483-9)
전화 (02) 998-7030 **팩스** (02) 998-7924
블로그 blog.naver.com/geuldam4u **이메일** geuldam4u@geuldam.com

ISBN 979-11-91309-08-9 (13590)

만든 사람들 —————————————
책임편집 이경숙 **디자인** 정현주 **교정교열** 김익선

글담출판에서는 참신한 발상, 따뜻한 시선을 가진 원고를 기다리고 있습니다.
원고는 글담출판 블로그와 이메일을 이용해 보내주세요. 여러분의 소중한 경험
과 지식을 나누세요.